乡村振兴精品教材

果树整形修剪嫁接与水肥一体化技术

◎柳蕴芬　冯　彬　李玉华　史大院　宋秀英　孙晓燕　主编

中国农业科学技术出版社

图书在版编目（CIP）数据

果树整形修剪嫁接与水肥一体化技术／柳蕴芬等
主编. --北京：中国农业科学技术出版社，2023.4（2024.12重印）
ISBN 978-7-5116-6258-3

Ⅰ.①果… Ⅱ.①柳… Ⅲ.①果树-修剪②果树-
嫁接③肥水管理 Ⅳ.①S66②S365

中国国家版本馆 CIP 数据核字（2023）第 066202 号

责任编辑	白姗姗
责任校对	李向荣
责任印制	姜义伟　王思文

出 版 者	中国农业科学技术出版社
	北京市中关村南大街 12 号　　邮编：100081
电　　话	（010）82106638（编辑室）　　（010）82109702（发行部）
	（010）82109709（读者服务部）
网　　址	https://castp.caas.cn
经 销 者	各地新华书店
印 刷 者	北京虎彩文化传播有限公司
开　　本	140 mm×203 mm　1/32
印　　张	4.5
字　　数	115 千字
版　　次	2023 年 4 月第 1 版　2024 年 12 月第 2 次印刷
定　　价	39.80 元

《果树整形修剪嫁接与水肥一体化技术》
编 委 会

前　　言

　　随着社会的发展和时代的进步，我国的种植业呈现一片欣欣向荣之景。果树种植是一个重要的农业项目，合理应用果树整形修剪和嫁接技术，不仅是促进果树健康生长的有效措施之一，也是实现果树丰产增收的主要途径。

　　水肥一体化技术是农业农村部推广的主要农田节水技术之一，该技术可全面提升水分利用效率和化肥利用率，是保障国家粮食安全、发展现代节水型农业、转变农业发展方式、促进农业可持续发展的必由之路。

　　本书共 6 章，包括修剪整形、嫁接工具，果树整形修剪基础，果树嫁接关键技术，常见果树的整形修剪和嫁接技术，水肥一体化技术应用，果树水肥一体化施用技术等内容。

　　本书重点突出，科学实用，可供果树科技工作者、果园管理者和经营者阅读使用。

编　者

2023 年 2 月

目　　录

上篇　果树整形修剪、嫁接

下篇　果树水肥一体化

上篇　果树整形修剪、嫁接

第一章　修剪整形、嫁接工具

第一节　修剪整形工具

一、修枝剪类工具

（一）长柄剪

又称为整篱剪。它有两个金属长柄，主要用于修剪直径 2~3 厘米的枝条和部位较高用普通修枝剪修剪不到的枝条，使用时较为省力，而且也比使用普通修枝剪的操作范围大。目前，市面上出售的长柄剪有两种类型，一种是柄长不可调节的，其总长度为 73 厘米；另一种是柄长可调节的，其总长度可控制在 52~73 厘米。

（二）修枝剪

修枝剪是果树整形修剪过程中最常用的工具，其主要用于疏除或剪截直径在 2 厘米以下的枝条。修枝剪的剪刀是修枝剪的主要部件，要求其材质要好，软硬适度，太软不耐用且易卷刃，过硬容易在修剪中造成缺口或断裂。弹簧的长度和软硬也要适度，太软剪口不易张开，太硬使用起来费力，长度以能撑开剪口又不易脱落为宜。为了降低劳动强度，提高修剪工作效率，许多国家研制出了果树气动修枝剪和果树电动修枝剪。果树气动修枝剪以汽油空压机为动力，中间通过气管相连接，使用时1台便携式汽油空压机可以带动2~4把果树气动修枝剪同时操作，每把气动修枝剪连接的管长为30~50米。果树电动修枝剪配有锂电池，充一次电连续作业6~8小时。使用这两种修剪工具，只需轻按开关，即可剪除直径3厘米的枝条，既省时又省力。

（三）高枝剪

这类修枝剪的下部有一根长杆，上部安装剪子，主要用于高大树冠上部小枝的修剪。高枝剪有普通型、手捏型、铡刀型等几种类型，有的高枝剪上还配备有锯。长杆多是玻璃钢纤维杆或金属杆，长度有1.5米、2米、3米、3.5米、4米、5米等。普通型、铡刀型等类型的高枝剪，剪托上的小环用尼龙绳相连接，使用时拉动尼龙绳即可剪下枝条。手捏型高枝剪，在长杆基部有一手柄，修剪时握动手柄即可剪下枝条。气动型高枝剪也是以汽油空压机为动力，其使用方法与气动修枝剪相似。矮干小冠树一般不用此剪。

二、锯类工具

（一）高枝锯

主要用于疏除或回缩高大树冠上部的较大枝条。分普通高枝锯和高枝油锯两类。普通高枝锯由直板锯和长杆组成，可用绳将直板锯固定在长杆上。高枝油锯多以汽油机作为动力设备，修剪时先锯枝条的下口，后锯枝条的上口，以防夹锯，对于重的或大的树枝要分段切割。在使用过程中，应注意安全。

（二）手锯

主要用于疏除或回缩大枝。有直板锯、折叠锯之分。直板锯不能折叠,携带不方便;折叠锯用时打开,不用时可折叠到塑料手柄的凹槽内,携带方便。锯齿有直立型和外向型两种,锯齿外向型手锯锯口不光滑,需再用刀或修枝剪进行削平;锯齿直立型手锯,其锯口平滑。

（三）钢锯条

一根普通的钢锯条可截为两段使用,主要用于主干或大枝的环割以及在春季萌芽前的刻芽。如用于刻芽,为使用方便,可在钢锯条的一端缠上胶布。

三、刀类工具

（一）环割（剥）刀

"Y"形环割刀由刀柄和两片刀片构成,两刀片呈"V"形结构设置在刀柄上,并和刀柄构成"Y"形结构,两刀片的刀刃位于其内侧。具有结构简单、使用方便、造价低、适用面广、效率高等特点。使用时,将"V"形刀片卡在环割处,然后握住刀柄（着力柄）进行转动。钳夹式果树环割刀和钳夹式环剥刀由刀具、手柄、弹簧和滚轮等构成。使用时,将环割刀和钳夹式环剥刀夹在需要环割（剥）的树干或大枝上,用手推动刀架中心顺时针转动。可根据需要,通过调换不同口径的刀片调整环割刀环割的深度,可在环剥刀刀片底部加纸垫或胶布等调整剥口宽度。钳夹式果树环割刀和钳夹式环剥刀配有弹簧和滚轮,操作时不受树干和大枝凸凹等不规则形状的影响。如果没有环割（剥）刀,也可用锋利的削枝刀或嫁接刀代替。

（二）削枝刀

削枝刀主要用于削平剪、锯口。要求刀刃稍有弯曲、锋利,以便削平圆形的剪、锯口。如果没有削枝刀也可用修枝剪的刀或嫁接刀代替。

（三）登高类工具

登高类工具包括高凳、三腿梯或四腿梯等，主要用于修剪高大树冠的外围枝。高凳有木制的，也有铁制的；梯子有木制的、竹制的，也有铝合金的。用铝合金制成的数层套合在一起的升降梯，可根据树冠的高度来调节梯子的长度。国外机械化修剪时，则使用自动升降台，修剪人员可以站在台上修剪果树，省力省工。

（四）开角类工具

绳和"山"字开角器是常用的开角类工具。绳主要用于拉枝开角，既可用于大枝也可用于小枝。需要开角的枝条较多时，均用绳拉枝开角会影响对土壤的管理和树体的其他管理，在此情况下，对一年生小枝或在6—8月对当年生新梢可用"山"字形开角器开角。"山"字形开角器可用8号铁丝弯曲而成，使用时将开角器别在枝条的基部，待枝条的延伸方向和角度固定后，再将开角器取下，以备翌年再用。

（五）辅助类工具

主要有鱼背锉、磨石、螺丝刀、钳子、扳手等。鱼背锉是专门用来磨利锯类工具锯齿的，磨石是专门用来磨利刀、剪类工具刀刃的，螺丝刀、钳子和扳手主要用于修枝剪、高枝剪、环割（剥）刀等的维修。

（六）保护伤口类

果树修剪时造成的大伤口被病菌侵染后容易腐烂，可用小毛刷对较大的伤口涂抹保护剂进行保护。常用的保护剂有油漆、液态蜡、松香清油合剂、石硫合剂、生熟桐油各半混合的油剂等。

第二节　嫁接工具

嫁接工具的种类、质量不仅影响嫁接成活，还影响嫁接效率。嫁接之前，务必要求刀锋锯快，以便削面平滑，愈合良好。嫁接工具大致可以分为枝接工具、芽接工具以及绑缚材料三大类。

一、枝接工具

枝接工具有修枝剪、劈接刀、枝接刀、铁钎子、手锯、削穗器、接木铲、嫁接夹、小镰刀、木槌或铁锤等。

（一）修枝剪

常用来削剪较细的接穗和砧木，多用于腹接和切接。由于不用变换工具就可以完成嫁接，所以嫁接速度较快，使用也较方便。

（二）劈接刀

用来劈砧木接口。刀刃用以劈砧木，楔部撬砧木劈口。一般用于较粗大的砧木，多用于劈接。

（三）枝接刀

可用来削各种枝接接穗，使用方便，工效较高。没有枝接刀时，也可用电工刀代替。

（四）铁钎子

用于撬开砧木的皮层，一般用于插皮接。如没有此工具，也可以用大改锥代替。

（五）手锯

用来锯较粗的砧木。

（六）削穗器

在接穗枝条对称的两侧，稍带木质部，削成长 4~5cm 的斜面，向内的一侧下端削长约 2cm 的短斜面，深达接穗木质髓部，呈楔形，其形状与接口大小相似。穗削成后，对准两侧形成层插入接口，稍向下轻敲，使穗砧密贴。

（七）接木铲

用于较粗接穗的切削，葡萄、核桃等树种室内嫁接应用较多。如果配以自制的削穗器，则削穗速度能够大大提高，而且操作较省力。

（八）嫁接夹

用来固定接穗和砧木。目前市面上销售的嫁接夹有两种：一种是茄子嫁接夹，一种是瓜类嫁接夹。旧嫁接夹事先要用200倍甲醛溶液浸泡8小时消毒。操作人员手指、刀片、竹签用75%酒精（医用酒精）涂抹灭菌，间隔1~2小时消毒1次，以防杂菌感染伤口。但用酒精棉球擦过的刀片、竹签一定要等到干后才可用，否则将严重影响成活。

（九）小镰刀

用于较粗砧木断面的削光。

（十）木槌或铁锤

用于配合劈刀开砧木口或铁钎撬砧木皮，大树高接时常用。

二、芽接工具

（一）水罐

芽接时盛接穗用。里面放水，以防接穗干燥失水。

（二）芽接刀

芽接时用来削接芽和撬开芽接切口，也可用锋利的小刀代替。芽接刀刀柄处有角质片，用以撬开切口，防止金属刀片与树皮内单宁物质发生反应。

（三）包穗布

芽接时用于包裹接穗。包裹前需将布用水浸湿。

三、绑缚材料

塑料薄膜可用于接口或接穗的绑缚。使用时剪成塑料条带，宽度依据砧木、接穗粗度不同而异，以便于缠绑，节省材料。用塑料薄膜包扎，虽然增加解绑用工，但是因其薄而柔软，具有弹性和拉力，能绑紧包严，透光而不透气、不透水，保温、保湿性能良好，所以成为目前应用最为广泛的包扎材料。

第三节 整形修剪、嫁接工具的保养与维护

一、登高类工具的保养

对于登高类工具，材质要坚固耐用，使用前需要仔细检查，如有松动应及时加固。不用时妥善保管，不能雨淋日晒，铁制高凳还应涂防锈漆保护。

二、刀类、锯类和修枝剪类工具的保养

对于新购买的非免磨的刀类、锯类和修枝剪类工具，使用前均应开刃、磨利，使用钝了应及时磨好，否则，不仅费工费时，也容易损坏工具，而且修剪造成的伤口也不易愈合。磨剪时，除长柄剪、高枝剪需要卸开外，修枝剪最好不要卸开，卸开后虽然磨起来方便，但在使用中螺丝容易滑丝，剪口容易滑动，剪刃也不容易吻合。新购买的工具应先用磨石的粗面磨再用细面磨，这样既节省时间，又能使磨出的刀刃锋利，使用一段时间刀刃钝了以后只用细面磨。磨时，只磨刀刃的斜面。对于非免磨锯，应先调整锯齿间的横向宽度，不能太宽也不能太窄。太宽，锯口粗糙，伤口不容易愈合；太窄，容易夹锯，费力费工，甚至造成锯条的断裂。锯齿用鱼背锉磨利，并锉成三角形，这样锯口平整，边缘光滑，伤口容易愈合。刀类、锯类和修枝剪类工具用完后，应在去除脏物后用黄油或凡士林涂抹，再用油纸包好，防止生锈。

三、动力机器的保养与维护

从开始使用到第三次灌油期间为磨合期，使用时不能无载荷高速运转。全负荷长时间作业后，让发动机做短时间空转，让冷却气流带走大部分热量，使驱动装置部件不至于因为热量积聚而带来不良后果。注意空气滤清器的保养与维护，使用时将风门调至阻风门位置，以免脏物进入进气管。泡沫过滤器脏时可用干净非易燃清洁液清洗，洗后晾干。过滤器不太脏时，可采用吹风除尘，但不能清洗。滤芯损坏后应及时更换。出现发动机功率不足、启动困难或者空转故障时，应及时检查火花塞并处理。如果长时间不用，应在通风处放空汽油箱和化油器，清洁整台机器，特别是汽缸散热片和空气滤清器。对于高枝油锯还应卸下锯链。

修剪工具长期不用时应放置在干燥安全处保管，以防无关人员接触发生意外。

第二章　果树整形修剪基础

第一节　果树整形修剪时期

一、休眠期修剪

休眠期修剪是从冬季落叶后到春季萌芽前所进行的修剪。在休眠期，果树树体贮藏的营养物质充足，修剪后枝芽减少，有利于集中利用贮藏养分，因此，果树冬季修剪的最适宜时间是在果树完全进入正常休眠期以后、被剪除的新梢中贮藏养分最少的时期。

果树的冬季修剪要考虑树种特性、修剪反应、越冬性和劳力安排等因素。不同树种春季开始萌芽的早晚不同，如桃、杏、李较早，而苹果、柿、枣、栗等较晚，因此，对于果树面积大、树种多的大型果园，如果修剪人员不足，在冬季修剪的时间安排上应有所不同，对于萌芽早的要早一些，萌芽晚的可迟一些。有些树种，如葡萄，修剪过晚，易引起伤流，虽不致造成树体死亡，但能削弱树势，其适宜的冬季修剪时期为深秋或初冬落叶后。在休眠期修剪核桃树，会发生大量伤流而削弱树势，其适宜的修剪期是在春、秋两个季节。

果树冬季修剪主要是疏除病虫枝、密生枝和并生枝、徒长枝、过多过弱的花枝及其他多余枝条，短截骨干枝、辅养枝和结果枝组的延长枝，或更新果枝，回缩过大过长的辅养枝、结果枝组；或对过分衰弱的主枝延长头，刻伤刺激一定部位，以便翌年转化成强枝、壮芽；调整骨干枝、辅养枝、结果枝组的角度和生长方向等。

二、生长期修剪

生长期修剪是从春季萌芽至落叶果树秋冬落叶前进行的修剪。生长期修剪的作用主要在于控制树形和促进花芽分化，此外，还可促进果树的二次生长，加速整形和枝组培养，减少落花落果，提高果实品质，减少生理病害，延长果实贮藏期。根据修剪的具体时期不同，又可将生长期修剪分为春季修剪、夏季修剪和秋季修剪。

（一）春季修剪

即在萌芽后至花期前后的修剪。除葡萄不宜在早春修剪以防流伤外，许多果树都可进行。主要内容有花前复剪、除萌抹芽和延迟修剪。花前复剪主要在花蕾期进行，主要是调节花芽数量以补充冬季修剪的不足。有些果树花芽不易识别，或在当地花芽易受冻，也可留待花芽萌动后春剪或春季复剪。除萌抹芽是在芽萌动以后，抹去枝干上的萌蘖和过多的萌芽，可减少养分的消耗，使养分集中，一般越早越好。延迟修剪多用于树势旺、冬季未进行修剪的树。春季萌芽后修剪，贮藏营养已部分被萌动的枝芽所消耗，萌动的芽被剪后，下部的芽会重新萌动，生长推迟，因此，可以提高萌芽率和削弱树势。对成枝少、生长旺、结果难的树种较为适合。不过春剪的去枝量一般不宜过多，以免过于削弱树势。

（二）夏季修剪

夏季修剪是指在新梢旺盛生长期进行的修剪。由于树体贮藏养分较少，新叶又因修剪而减少，对树体生长的抑制作用较大，因此，修剪量应从轻。夏季修剪可调节生长与结果的关系，促进花芽形成和果实生长；利用二次生长，调整和控制树冠，有利于枝组培养。但在修剪中根据目的及时采用适宜的修剪方法，才能收到较好的调控效果。如促进分枝，可在新梢迅速生长期进行摘心或涂抹发枝素。夏季修剪的方法主要有摘心、剪梢、弯枝、扭梢、环剥、拿枝等，一般可以根据具体目的和情况，灵活应用。对幼树旺树进行夏季修剪尤为重要。

（三）秋季修剪

一般是指在秋季新梢停止生长后至落叶前的修剪。在该期内，树体各器官逐步进入休眠和进行养分贮藏。适当修剪，可紧凑树形，改善光照，充实枝芽，复壮内膛。此期以剪除过密大枝为主，由于带叶修剪，养分损失较大，当年一般不会引起二次生长，翌年剪口反应也比休眠期修剪的弱，有利于控制徒长。秋季修剪在幼树、旺树、郁闭的树上应用较多，其抑制作用弱于夏季修剪，而强于冬季修剪。

总之，根据树体不同状况、在年周期中出现的不同矛盾，及时采取适当修剪措施是十分必要的。修剪的时期，必须根据修剪的目的和修剪方法而定。

第二节 果树常见的树形

一、疏散分层形

又叫主干疏层形。通常情况下第一层有 3 个主枝，第二层有 2 个主枝，第三层以上每层 1 个，排列比较疏散。我国的苹果、梨等果树过去常用此形。

二、主干形

主干形主要是依据天然树形进行适当修剪，这类树形有中心干，主枝分层或分层不明显，树冠比较高。此形通常用于银杏、核桃等果树，苹果密植果园的金字塔形属于此类型的小型化类型。

三、多中心干形

果树的自主干直立向上，培养中心干约 2 个或 2 个以上。这种树形过去可应用于大砧木高接的银杏、香榧等果树，目前有些梨、橙等果树还在应用。

四、变则主干形

主枝螺旋排列在中心干上，不分层，顶端开心。这种树形过去曾应用在苹果、梨树上，但是由于成形和结果较晚，现在很少再用。

五、圆柱形

这种树形在中心干上不再分生主枝，而在中心干上直接着生结果枝组。比较适合于密植栽培。

六、多主枝自然形

此种树形靠近主干形成 4~6 个一、二级骨干枝，且直线延长，根据树冠大小分生若干个侧枝。本形的主枝适当增加，可以充分利用空间，一般应用于除桃以外的核果类果树。

七、小冠疏层形

又叫小冠半圆形。树高为 3~3.5 米，冠幅大约 2.5 米。通常情况下第一层有 3 个主枝，第二层有 2 个主枝，第三层可有可无，排列较疏散。此形是我国苹果、梨等果树现在的常用树形。

八、自然开心形

在主干的顶端分生 3 个主枝，斜生，且直线延长，在主枝侧面分生侧枝。一般应用于核果类果树，此外，梨、苹果等也有应用。

九、主枝开心圆头形

又称主枝开心半圆形。主枝 3 个自主干分生后，最初会使其开展斜生，等到长到 1~1.4 米时，让其与水平线呈 80°~90°角直立向上，在其弯曲处保留较大侧枝，使之向外开展斜生，因此就主枝配置来说，树冠是开心形。

十、棕榈叶形

目前最常用的篱架形就是此形，具体的树形有多种，苹果的棕榈叶形基本结构是，中心干上沿行向直立面分布主枝 6~8 个。主枝在中心干上的分布形态有两种，一种是较有规格的，叫规则式棕榈叶形；另一种是规格不严格的，叫不规则棕榈叶形。根据骨干枝在篱架上的分布角度，可分为水平式、倾斜式和烛台式等。其中倾斜式在葡萄上的应用一般称为扇形。

十一、树篱形

树冠的株间相接，行间有些间隔，果树的群体成为树篱状。根据树篱横断面的形状，可分为长方形、三角形、梯形和半圆形。根据单株树体结构，又可细分为多种树形。树篱形适用于矮化栽培的果树，适用于机械化操作。

十二、自然圆头形

又叫自然半圆形。主干长到一定的高度短截后，任其自然分枝，并将过多的主枝疏除而成。目前多应用于常绿果树。

十三、自然扇形

类似于棕榈叶形，但不设支架，主枝斜生，向行向分布。干高 20~30 厘米，有 3~4 层主枝，每层有 2 个，与行向保持 15°夹角；第二层主枝与行向保持和第一层相反的 15°夹角，使上下相邻的两层主枝左右错开。

十四、纺锤灌木形

又称纺锤丛状形。类似于主干形，不同的是树冠较矮小。树高为 2.5~3 米，主枝不分层，均匀地分布在中心干上。此种树形主要应用于矮化苹果。现在各种纺锤形树形的应用较广泛。

十五、丛状形

没有主干，从地面分枝成丛状。一般主要适用于灌木果树，一些核果类果树也有应用。

十六、单层或双层栅篱形

一般树体主要培养单层或双层主枝，然后将其近水平缚在篱架上。

十七、棚架形

蔓性果树常用此树形。

第三节　果树整形修剪技术

一、缓放

缓放又叫长放、甩放，是相对于短截而言的，即不短截。

缓放有利于缓和枝势、积累营养，有利于花芽形成和提早结果。

缓放枝的枝叶量多，总生长量大，比短截枝加粗快。缓放保留的侧芽多，将来发枝也多；但多为中短枝，抽生强旺枝比较少。有选择地缓放，可有效地控制旺长和促进较多的结果部位形成花芽或向结果方向转化。

幼树可以多缓放，成年树、壮年树不宜过多缓放。缓放应以中庸枝为主；当强旺枝数量过多且一次全部疏除修剪量过大时，也可以少量缓放，但必须结合拿枝软化、压平、环刻、环剥等措施，以控制其枝势。上述缓放的长旺枝翌年仍过旺时，可将缓放枝上发生的旺枝或生长势强的分枝疏除，以便有效实行控制，保持缓放枝与骨干枝的从属关系，并促使缓放枝提早结果，使其起到辅养枝的作用。

在骨干枝较弱，而辅养枝相对强旺时，不宜对辅养枝缓放；因为如果对辅养枝缓放，往往造成辅养枝快速加粗，其枝势可能超过骨干枝。可采取控制措施，或缓放后将其拉平，以削弱其生长势。同样道理，太弱的枝，树冠中直立枝、徒长枝、斜生枝均不宜缓放。在幼树整形期间，枝头附近的竞争枝、长枝、背上或背后旺枝均不宜缓放。

生产上采用缓放措施的主要目的是促进成花结果，但是不同树种、不同品种、不同条件下从缓放到开花结果的年限是不同的，应灵活掌握。另外，缓放结果后应区别不同情况，及时采取回缩更新措施，只放不缩不利于成花坐果，也不利于通风透光。

二、疏枝

又叫疏剪，指将一年生或多年生枝条从基部完全疏除。

疏枝对全树有削弱生长势的作用。就局部来讲，疏枝对剪口上部枝梢的成枝力和生长势有削弱作用，而对剪口下部芽有促进萌芽作用，对剪口下部枝梢有促进成枝和生长的作用。

疏枝的削弱作用大小，要看疏枝量和疏枝粗度。疏枝量越大，削弱作用越大；若疏枝量较少，则削弱作用小。疏除的枝越大，削弱作用也越大，因此，大枝要分期疏除，1 次或 1 年不可疏除过多。

疏除的枝是弱枝时，上述促进作用不明显，但对全树整体上还是起到促进作用的。生长季疏枝能减少枝条密度，改善树冠内部光照条件，提高叶片光合效能，增加养分积累，有利于花芽分化、花果生长和发育，提高果实品质。

疏枝可在平衡树势、调整枝量时应用，一般用于疏除病虫枝、干枯枝、无用的徒长枝、过密的交叉枝和重叠枝，以及外围搭接的发育枝和过密的辅养枝等。疏枝的应用要适量，特别是幼旺树，一定不要疏枝过重，否则会扰乱树形，不利于以后的整形修剪；对过密树的改造，也要分步进行，不能急于求成。

三、扭梢

扭梢指对一些拉平枝上的背上枝、徒长枝，采用扭转新梢方向的方法改造为结果枝和结果枝组。与疏除相比，扭梢既节约养分又能提早结果。扭梢在春季新梢长至 20～30 厘米（半木质化）时进行。方法是：用手将新梢基部反转 180°扭伤，使新梢上端朝下并扭转。

扭梢主要应用于苹果树幼树上，近些年也应用于苹果成年树和梨、杏、樱桃、葡萄等树种。使用该修剪方法时要注意：扭梢不要太多，要根据树形要求，扭那些无用或干扰树形的新梢。扭梢后的新梢，可以形成结果枝组，连续结几年果；待衰弱或枝条密集时疏除。

四、摘心、剪梢

摘心是在新梢生长期，摘去新梢顶部的幼嫩部分（梢尖）；剪梢是指剪去包括部分成龄叶片在内的部分新梢，比摘心稍重。

摘心和剪梢能暂时抑制新梢生长，促进其下部侧芽萌发生长，增加分枝。

摘心可以消除顶端优势，促进其他枝梢的生长；经控制，还能使摘心的梢发生副梢，以削弱枝梢的生长势，增加中短枝数量；有些树种还能促进发芽充实，有利于花芽形成。桃、苹果幼树可以通过摘心来培养结果枝组。

秋季摘心，可以用来抑制秋季无意义的新梢生长，节约营养，促进新梢成熟和安全越冬。苹果、桃幼树秋季停止生长晚，易引起冻害和抽条；晚秋摘心可以减少后期生长，有利于枝条成熟和安全越冬。

苹果树的摘心：幼旺苹果树的新梢年生长量很大，在外围新梢长到30厘米时摘心，可促生副梢，当年副梢生长亦可达到培养骨干枝的要求；冬季修剪多留枝，减轻修剪量，有利于扩大树冠、增加枝条的级次。

葡萄树的摘心：葡萄花前摘心可以控制过旺的营养生长，有利于养分向花器供应，提高坐果率；花后对副梢不断摘心，有利于营养积累、侧芽的发育和控制结果部位的外移。

不同时期摘心和剪梢其修剪反应不同。越是在生长旺盛期，反应越强烈，即增加分枝的效果越明显；所以应根据不同的目的选择适宜的摘心和剪梢的时期。早期摘心一般在5月上中旬（新梢长到30~40厘米时）开始进行，促进分枝占领余下的空间；后期摘心在7—8月进行，目的是抑制生长，促进花芽分化。

摘心和剪梢在果树上应用广泛，常用于幼年果树上；成年树上也可以用该措施进行徒长枝和直立枝的改造。

五、短截

又叫短剪，即剪去一年生枝的一部分。

适度短截对剪截附近的枝芽有局部刺激作用，可以促进剪口芽萌发，达到分枝、延长、更新、控制（或矮壮）等目的；但短截后总的枝叶量减少，有延缓母枝加粗的抑制作用。

短截按剪截量或剪留量分为轻短截、中短截、重短截、极重短截4种方法。

剪去一年生枝长度1/4以下的，叫轻短截。轻短截保留的枝段较长，侧芽多，养分分散，可以形成较多的中短枝，使单枝自身充实中庸，枝势缓和，有利于形成花芽，修剪量小，树体损伤小，对生长和分枝的刺激作用也小。

剪去枝条长度1/2以上的，叫重短截。重短截在春梢中下部半饱满芽处剪截，剪口较大，修剪量亦长，对枝条的削弱作用较明显。重短截后一般能在剪口下抽生1~2个旺枝或中长枝，即发枝虽少但较强旺，多用于培养枝组或发枝更新。

枝条剪留长度介于二者之间的，叫中短截。中短截多在春梢中上部饱满芽处剪截，剪掉春梢的1/3~1/2。截后分生中长枝较多，成枝力强，长势强，可促进生长，一般用于延长枝、培养健壮的大枝组或衰弱枝的更新。

剪去枝条的大部分，仅留春梢基部1~2个芽的，叫极重短截。极重短截剪后可在剪口下抽生1~2个细弱枝，有降低枝位、削弱枝势的作用。极重短截在生长中庸的树上反应较好，在强旺树上仍有可能抽生强枝；一般用于徒长枝、直立枝或竞争枝的处理，以及强旺枝的调节或培养紧凑型枝组。

　　短截的特点是对剪口下的芽刺激性大，特别是对剪口下第一芽（通常叫作剪口芽）刺激最大，剪口芽发出的新梢最强，离剪口越远的芽受刺激越小。剪截后枝条的萌芽力提高，成枝力增强，以中短截效果最好。但短截对母枝的增粗有削弱作用。

　　短截常用于树冠中骨干枝延长枝的修剪，特别是幼树的整形修剪，能明显增加分枝量，减少枝条的"光腿现象"；但是，树冠中枝条较密时，尽量不用或少用短截的手法，以免枝梢过密，造成树冠内部通风透光不良。

　　不同树种对短截的反应差异较大，在实际应用中应考虑树种特性和具体的修剪反应，掌握规律、灵活运用。不管是幼树还是成龄树，修剪都不要过重。

六、刻芽

　　又叫目伤，是指在一年或多年生枝的芽体上方用小刀或钢锯条横割切断皮层和少量木质部，促使芽体萌发生长。

　　果树刻芽是针对果树某一部位缺枝而采取的一项促芽萌发、抽枝补缺的措施。能够定向定位培养骨干枝，建造良好的树体结构；集中营养形成高质量的中枝、短枝，进一步培养结果枝组，使果树早结果。刻芽还能增补缺枝，纠正偏冠，抑强扶弱，调节枝条生长，平衡树势，使果树稳产。

　　春季萌芽前，在被刻芽上方0.5厘米处用小钢锯条或小手锯顺齿刻一道，刚达或深达木质部，即可促进该芽萌发抽枝。

定向定位刻芽，要紧贴着芽尖刻，距离芽尖 0.1～0.2 厘米下刀，但不要伤及芽体，下刀用力要均匀，稍微刻入木质部。一般促发中枝、短枝的刻芽，刀口要离芽体远一些（距芽体 0.5 厘米），刻得轻一些（只划破皮层，勿伤木质部），但也不能只划伤表皮而划不透皮层。

七、抹芽、除萌

抹芽指当新梢萌发至长到 5 厘米时，抹去无用的芽和新梢，主要抹掉树冠内膛的徒长芽和剪口下的竞争芽；除萌实际上是对未来得及抹除的芽的补救措施，即剪除刚萌发的幼梢。

这两种修剪方法，在控制枝条生长量、改善树冠内部光照、节约营养、提高果实质量等方面均有显著的效果。

抹芽、除萌应随时进行。春季不仅可以抹芽、除萌，秋季秋梢生长期也是抹芽除萌的较好时期。

八、回缩

回缩又叫缩剪，指对多年生枝的短截。

它与短截不同之处就是剪口位置，短截是对一年生枝条的剪截，而回缩的剪口位置则是在多年生枝条的分枝处。

回缩可以改善树体光照，更新树冠，降低结果部位，调节延长枝的开张角度，从而控制树冠或枝组的发展，充实内膛，延长结果年限。

回缩的部位和程度不同，其修剪反应也不一样。在壮旺分枝处回缩，去除前面的下垂枝、衰弱枝，可抬高多年生枝的角度并缩短其长度，同时减少分枝数量，有利于养分集中，能起到更新复壮作用；在细弱分枝处回缩，则有抑制其生长势的作用。多年生枝回缩一般伤口较大，保护不好也可能削弱锯口枝的生长势。

所以，回缩的作用有两个方面，一是复壮作用，二是抑制作用，即对剪锯口后部的枝梢生长和潜伏芽的萌芽有促进作用，而对母枝有较强的削弱作用。复壮作用的应用也包含两个方面，一是局部复壮，如回缩更新结果枝组、多年生枝回缩、换头复壮等。二是全树复壮作用，主要是衰老树回缩更新骨干枝，培养新树冠。其抑制作用多用于成年树、壮年树，控制壮旺辅养枝、抑制树势不平衡的强壮骨干枝等。回缩复壮作用的运用则应视树种、树龄与树势、枝龄与枝势等灵活掌握。一般树龄或枝龄过大、树势或枝势过弱的，复壮作用较差。潜伏芽多且寿命长的品种，回缩复壮效果明显。

回缩不宜在幼树上使用，常用于大树、老树的更新复壮修剪。结果树可以用回缩疏除一些结果枝组以调节结果量；大树的过密枝、位置不当的辅养枝，可以用回缩处理。大树的回缩，应遵循循序渐进的原则，需要缩剪的树体积较大时，应分几年回缩到位。

九、圈枝、别枝

圈枝是把一个长枝圈起来或把两个枝互相圈起来。别枝与圈枝相似，也是将枝条弯曲，只不过是未圈成圈，而是将枝条的上端别到其他枝条下。

这些修剪方法可以改变枝条的角度、方向及姿势，从而转移顶端优势，抑制枝条旺长，促使基部芽的萌发，增加中短枝数量，使枝梢分布均匀，防止基部光秃，有利于养分的积累和花芽分化。

具体方法为：当新梢长至一定长度，枝条基部尚未完全木质化时，用手握枝条基部使其软化（与拿枝手法相似，即伤骨不伤皮）后扭转方位，别压或圈起。

圈枝和别枝常在冬季修剪时进行，夏季视生长情况及时放开或回缩。圈枝常用于不是永久枝或骨干枝的枝条，可以削弱这些枝条的生长势，促进成花结果；但圈枝不能太多，更不能重叠，否则容易造成树形紊乱，甚至树冠郁闭，影响产量及效益。别枝常用于徒长枝、直立枝的改造，能促使别起来的枝条下部出长枝，中上部出短枝，早成花早结果。但也要注意不要别得太多，并且夏季要及时放开或回缩。

第三章　果树嫁接关键技术

第一节　接　穗

一、接穗的选择

接穗是嫁接时接于砧木上的枝或芽。接穗的自身营养状态、采后处理及贮藏方法是否得当对嫁接成活率及以后树体生长发育均有很大影响。

（一）母树的选择

应在品种纯正、长势旺盛、丰产优质的结果母树上，选择树冠外围中上部生长充实、芽眼饱满、叶片全部老熟、皮身嫩滑、粗度与砧木相近或略小的1~2年生枝条作接穗。剪下后立即剪除叶片，用湿布包好，便可供嫁接。

（二）接穗的采集

果树如在春季进行枝接，应在上一年冬季修剪时，在所剪下的一年生枝条中选择无病虫害、生长充实、粗细适中的枝条，并剪取这些枝条的中间一段，作为接穗。然后将选择好的接穗集成小束，做好品种名称标记，埋在向北荫蔽低温微湿的土中，防止枝条中水分蒸发，使其保持充沛的生命力，并延迟枝条的萌发时间。为了更好地做到这点，最好在埋入土中以前在每条接穗的两端涂上接蜡。当翌年春季进行嫁接时，对埋在土中的接穗应随用随取，取出后应立即盖以湿布，以减少水分的散失。果树如在秋季或夏季进行嫁接，则可随时从树上选择剪取，选择的标准和剪取后应注意的事项与春季嫁接相同。

二、接穗的贮藏

果树接穗不耐久贮，夏季芽接最好采后立即用于嫁接。需贮藏时，应放在阴凉处并保持湿度。如果要存放较长时间，可将接穗用湿润细沙或木糠等埋藏，上盖薄膜。短途运输可用浸湿后扭干的草纸包裹或湿润木糠埋藏，外面再包以塑料薄膜，途中注意检查，防止过干、过湿或发热。

冬季果树接穗的采集，是为翌年春季枝接做好准备。果树枝接成活率高，新梢生长快，植株挂果早。因此，枝接既是老龄果树更新复壮的重要技术措施，也是老龄果树低产变高产、劣种变良种的重要改良办法。现将果树接穗的冬采与贮藏技术介绍如下。

（一）采集时间

枝接用的接穗，可结合冬季果树修剪进行采集。实践证明，冬至前后采集的接穗最好。一般多在"三九""四九"天采集，因为数九天果树正处于休眠期，所采接穗易贮藏，接后易成活，穗芽贮期萌发晚，可延长嫁接时间。

（二）接穗选择

采集时要选树势强壮、品种优良、高产优质、发育充实、无病、无虫的壮年母树，在母树上再选取组织充分、生长健壮、芽饱满的一年生发育枝作接穗。

（三）贮藏方法

接穗采集后，应按品种分类，捆成一定数量的小捆，挂上标签，标明品种与数量，然后用塑料布包好，贮放在窖内。若无塑料布，可窑（窖）底先铺7~10厘米白沙土，上放接穗，然后再用湿润沙土掩埋。贮藏期窑温保持在0℃以下。也可选背风向阳处，挖深、宽各80~100厘米的沟，长根据贮量而定，使沟底保持湿润，先铺10厘米左右厚的沙土，然后将接穗分层放入沟内，每层接穗之间放一层4~5厘米厚的湿沙，但最上层接穗距沟底不能超35厘米，上面培湿润沙土厚45~60厘米，将沟口封严。翌年春季嫁接时随取随接，取出后用水浸泡，嫁接时放在水罐内，防止水分散失，降低成活率。

三、接穗的运输

需要远运时，可用优质草纸数层浸湿压去多余水分，使接穗包卷其中；或用苔藓植物填充，再包以塑料薄膜。木箱装运，不受晒发热可保存一个月左右。夏秋高温宜冷藏贮运。

第二节　嫁接技术

一、高接

高接是在高接树的枝干较高部位或树冠适当的位置进行多头嫁接。高接技术在果树生产上是一种很有实用价值的嫁接方法，因为这些高接树较大，根系也很发达，采用多头高接，在良好的水肥管理条件下，一般高接后2~3年就可恢复正常树冠和产量。所以，高接技术已被广泛地应用于更新劣种、改良品种、加快新选育优良株系的鉴定和加速繁殖优良品种的接穗等。

高接时间在梢芽尚未萌动以前进行，既可在春季2—3月嫁接，也可在秋季9—10月嫁接，落叶果树如梨、柿等也可在休眠期12月至翌年1月嫁接。

高接方法可根据嫁接部位砧枝的粗度和操作方便而定，可以采用芽接、切接、皮下接、腹切接、劈接和嵌接。砧枝较细的可用芽接或切接，枝干较粗的应采用劈接或嵌接，对一、二级主枝也可采用留桩切腹接，这样有利于保持主从枝发育顺序，扩展树冠早结果，且高接后不必绑支棍，接穗也不会被大风吹断。留桩腹切接的嫁接位置，可在原计划高接锯头的部位以上保留一段3~5厘米长的砧木枝条，作为以后绑架用，待翌年接穗长成大枝时，可将活桩剪掉，但剪口要平，不留茬，以利剪口愈合。

高接的接穗应采用发育充实的1~2年生枝梢。如果砧木树龄较大、高接锯口的砧枝较粗时，高接所用的接穗应稍粗长些，要有3个芽为好，有利于嫁接成活和以后抽出新梢的生长发育。

二、桥接

桥接不以繁殖苗木为目的，而是作为一种补救措施。在果树枝干、根颈因遭受机械损伤、人畜弄伤树皮、枝干害虫蛀食，以及病斑切除等情况而出现大伤口，树体自身又难以使伤口愈合恢复，从而影响树液流通，以致树势衰退，利用稍长于伤口的枝条作接穗，嫁接于伤口的上下两端，使之成活后，起到沟通枝干与根部输导组织、恢复树势的作用。此种嫁接形状及功能均与桥梁作用相似，故称为桥接。

桥接的时期一般在春季比较好，即在树体发芽前进行，因为此时树液流动旺盛，伤口容易愈合，嫁接成活率比较高，但如果在生长季内出现伤口，也可以及时进行桥接，以免树势衰弱，影响生长。

桥接方法多用皮下腹接，是一种方法特殊的腹接法。按其接穗来源的不同，可分为采接穗桥接、活接穗桥接和根寄桥接3种。

（一）采接穗桥接

1. 清洁伤口

桥接时，先用刀将伤口坏死的组织慢慢地仔细刮净，消毒，以利于伤口愈合，并可防止伤口继续腐烂。

2. 开接口

桥接的切接口有以下 2 种。

（1）开"T"形接口。距伤口边缘 5～10 厘米处，在伤口上下两端各按半月形横切一刀，深及木质部，然后再用刀尖在横切口居中的地方纵切一刀，使伤口上端的皮层呈倒"T"形，下端的皮层呈"T"形接口。

（2）开"冂"形接口。在距伤口上、下边缘 5～10 厘米处各横切一刀，然后再在横切口两端各纵切一刀，使其上、下切口分别呈"冂"和倒"冂"形。桥接枝条数量按伤口大小而定，一般伤口直径 2.5 厘米左右的小树只需接一枝，直径 15 厘米以上的大树应接 3～5 枝。若伤口面积大，则应在伤口两端开 2 个或 3 个以上的接口。

3. 削接穗

接穗一般采用母树上的已生长充实的一年生的枝条，也可以用二年生没有分枝或少分枝的枝条。将接穗剪成与伤口上下长度相适宜的一段枝条，先量好伤口的长度，然后按皮下腹接法的削穗方法将其两端各削成长 3～5 厘米、斜度约 30° 长削面，再将接穗翻转过来，在其两端的背面各斜削一个 0.5～1.0 厘米长的斜面。注意接穗两端的长削面必须在同一平面上。削面的长度和宽度应与砧木开口相适应。

4. 插接穗

轻轻地撬开皮层，把接穗插入接口内，使接穗的长削面向内，短削面向外，注意要使接穗的形成层与树木的形成层互相对准。插接穗时，也要慢慢地一次插好，不要来回抽动，否则接口处皮层和接穗削面会起毛，桥接难以成活。

5. 绑扎和固定

用麻绳将伤口上、下两端接口处分别绑紧，也可用1.7~3.3厘米的钉把接穗和树干固定住，再涂上黄泥或接蜡，如伤口距地面近，可培土保湿，等成活后再把土扒掉。

（二）活接穗桥接

活接穗桥接是利用萌蘖和伤口以下附近的徒长枝作接穗。方法是先清洁伤口，然后在距伤口上端边缘5~10厘米处，开一个"T"形或"冂"形接口。然后量好伤口长度，将萌蘖或徒长枝在高于伤口上端的接口处剪断，按皮下腹接的削穗方法削成所要求的斜面，轻轻地插入接口，对准双方形成层，绑扎，固定。

（三）根寄桥接

在树干附近，栽植有同种的苗木，可以利用苗木上部分作接穗进行桥接，桥接时也只需在伤口上端开接口，再将苗木的上端在高于伤口上端接口处剪断，剪成所要求的斜面，插入接口，绑扎，固定。

第三节 嫁接后的管理

一、解捆绑

现在进行果树嫁接，大多使用塑料条捆绑。塑料条能保持湿度，有弹性，绑得紧，其缺点是时间长了以后，会影响接穗及砧木的生长。因为塑料不腐烂，所以必须解除这种捆绑物。

芽接，如果是在秋季进行的，则接后先不解绑，因为在冬季塑料条对接芽有保护作用。到翌年春季，在接芽上方剪砧时，要把嫁接时的塑料条解除。春季枝接成活后，不要过早解除捆绑。一般要等生长到50厘米左右，接穗明显加粗，且塑料条的捆绑影响其加粗生长时，才解开塑料条。最好松松地再绑上，以免因接口生长不牢而使接苗被折断。

有些地方就地取材，利用马蔺、麻皮和割藤等作嫁接捆绑物。这些植物纤维容易腐烂，因此不需解绑也能自然松绑。

二、除萌蘖

嫁接成活剪砧后，砧木会长出许多萌蘖。为了确保嫁接成活后新梢迅速生长，不致使萌蘖消耗大量的养分，应该及时把萌蘖除去。幼苗芽接剪砧后，在砧木幼苗基部会长出很多萌蘖，有的是从地下部生长出来的。萌蘖比接芽生长快，必须及时除去。对于高接换种的砧木来说，由于砧木大，嫁接后树体上大部分的隐芽都能萌发。如果不及时除去萌蘖，接梢受砧木萌蘖的影响，生长缓慢，会慢慢死亡。因此，必须及时除去砧木的萌蘖。萌蘖清除工作，一般要进行3~4次。由于砧木上次主芽、侧芽、隐芽和不定芽，能不断萌生出来，因此要随时把萌蘖除去。等到接梢生长旺盛后，萌蘖才停止生长。

在大树高接时，为了防止内膛空虚，应保持有一定的叶面积，如果腹接数量不够，也可以在内膛（树体中下部位）留少量萌蘖，但必须采用摘心等方法予以控制，以减少对接穗生长的影响。在接穗附近，不能留砧木萌蘖。可待秋季进行芽接，或在翌年春季进行枝接。

三、新梢摘心

为了控制过高生长，当嫁接成活后，接穗新梢生长到40~50厘米时，进行摘心。摘心有以下几点好处：第一，可以控制过高生长、减少风害。第二，可以促进下部副梢的形成和生长。一般果树在生长很快的主梢上不会形成花芽，而在生长细弱缓慢的副梢上容易形成花芽。这样，嫁接后可以提早结果，往往在接后翌年就有一定的产量。第三，摘心可控制结果部位外移。在高接换优时，接口已经比较高。如果不断向上生长，就往往会引起结果部位的外移，而内膛则无结果枝，不能形成立体结果，因而使果树不能高产稳产。通过摘心，促进果树早分枝，便可以形成立体结果。

摘心工作，可以进行2~3次。第一次摘心后，竞争枝还会继续伸展，需要再摘心。通过连续摘心，可以促进大量副梢小枝的形成。

为了育苗进行的嫁接，接穗生长后不要摘心，以形成单条生长。这种小苗，便于捆绑和运输，定植于果园后，生长整齐一致。

四、立支柱

嫁接成活后，由于砧木根系发达，接穗的新梢生长很快。但是，这时接合处一般不够牢固，很容易被大风吹折。接合处的牢固程度，与嫁接方法有关。在春季枝接中，插皮接、贴接、袋接和插皮舌接等方法的接活后，容易被风吹折；而采用劈接、合接和切接等方法的接穗接活后，则不容易被风吹折。所以，在风大的地区，要采用接穗不容易被风吹折的方法进行嫁接。

为了防止风害，要立支柱，把新梢绑在支柱上。一般当新梢生长到30厘米以上后，结合松塑料条，应在砧木上绑1~2根支柱。芽接的可在砧木旁边土中插一根支柱，并将其下端绑在砧木上，然后把新梢绑在支柱上。绑时不要太紧或太松，太紧会勒伤枝条，太松了则不起固定作用。大树嫁接后生长量大，容易遭风害，因此所立支柱要长一些，一般长度为1.5米。支柱下端牢牢地固定在接口下部的砧木上，上端每隔20~30厘米，用塑料条固定新梢。因此，固定新梢的工作，要进行2~3次。随着新梢的生长，一道又一道地往上捆绑，以确保即使七八级的大风也不能将接穗吹断。采用腹接及皮下腹接法嫁接的，一般不必再绑支柱，可以把新梢固定在上面的砧木上。

立支柱固定接穗生长出的枝梢，是一项非常重要的工作，很多地方嫁接成活率很高，但是嫁接保存率不高，甚至很低，其重要原因就是被风吹折。因此，在嫁接的同时，要准备好竹竿、木棍等作支柱用，以提高嫁接后的保存率。

五、加强肥水管理

嫁接后的植株生长旺盛，喜肥需水，应及时施肥和灌水，以促进嫁接树或树苗的生长。

六、防治病虫害

嫁接成活后，新梢萌发的叶片非常幼嫩。由于很多害虫喜欢为害幼叶，如蚜虫会从没有嫁接树的老叶上，转移到嫁接树的幼嫩枝叶上；枣瘿蚊和金龟子等，则专门为害嫩梢，能把新萌发的嫩叶及茎尖吃光，导致嫁接失败。

因此，必须加强对病虫害的防治工作，有效地保护幼嫩枝叶的生长。

另外，对高接的接口要加以保护，特别是接口太大、伤口不能在1~2年内愈合的，在接口处要涂波尔多液浆，即浓度较高的波尔多液，以防接口处腐烂。

第四章 常见果树的整形修剪、嫁接

第一节 苹 果

一、整形修剪

（一）幼龄树修剪

苹果幼龄树是指七年生以下的未结果树和初结果树。修剪任务一是树冠整形，培养好各级骨干枝；二是留足辅养枝，培养好结果枝组。修剪特点是骨干枝延长头在中部留饱满外芽短截，并调整好开张角和方位角。结果枝尽量多留，常用轻剪缓放进行"放长线，钓大鱼"，先结果，后回缩。但是，要注意保持结果枝组与骨干枝的从属关系。在修剪时期上要注意冬、夏剪结合，保证骨干枝生长优势，控制辅养枝强势生长。

（二）结果树修剪

结果树主要是指盛果期的大树，一般是指 8～10 年生。盛果期的树除注意及时落头开心控制树高以外，应着重管理好结果枝组，保证树冠内部的通风透光条件，合理负载，防止大小年、树势早衰和结果部位外移。所以，在修剪枝组时应疏除密乱无用枝，回缩长弱交叉枝，培养三套枝，控制花芽量，使叶枝果枝比维持（3～6）：1。

（三）衰老树修剪

衰老树一般是指年龄在 30～40 年生枝组和枝干部都明显衰

弱的老龄树。衰老树应以更新复壮为主，分期分批地重缩那些由于长期结果造成下垂衰弱的枝组和枝干，同时注意疏花疏果，严格控制花果量。在地下部加强土肥水营养管理，结合深翻改土和根系修剪，恢复根系的健壮生长与吸收功能，做到"以肥促根，以根强枝，以枝保果"。

二、嫁接

（一）砧木培养与嫁接育苗

1. 实生育苗

首先要收集砧木种子。对于种子是否有生活力，可以用简单方法来测定。先将种子用水浸泡 24 小时，待种子吸水膨胀后，用镊子去掉种皮，放在 5% 的红墨水中染色 2 小时，再用清水冲洗干净。凡是胚能被完全染色的是无生命力的种子；未染色的，则是有生命力的种子。

山定子和海棠的种子，必须经过低温沙藏后才能萌发。一般在 12 月底或翌年 1 月开始沙藏，到沙藏结束时，即接近播种期。沙藏前，先将种子浸泡 4 小时，将漂浮的瘪籽和杂质捞出。在背阴处挖 1 条深 60~100 厘米、宽 60~70 厘米的沟，长度视种子量而定。将种子按 1∶5 的比例与湿沙混合放入沟内，放至离地表 20 厘米时用湿沙盖上，再铺塑料薄膜和遮阴物。如果种子量少，也可用花盆进行沙藏，然后将花盆埋入土内过冬。沙藏的温度以 5℃ 为最适宜。沙藏天数，山定子为 40~50 天、海棠果为 80~100 天。翌年春季，种子开始发芽时即可播种。

播种有 2 种形式，一是在早春，将种子播在阳畦中。可提早播种，加强管理，促进幼苗发芽生长，然后进行炼苗，再进行移栽。一般用平板铁锹将苗带土铲出（带土厚度为 10 厘米左右），码放在平底筐内，运到栽植地后，用手将苗一棵一棵地掰开，带土栽植。二是将种子直接播种在大田中，播种时间比前面的移栽要晚1个月，直播方法是条播。畦面宽1米、长10~20米。播种行距为20~30厘米。播种前先开挖深2~5厘米的沟并浇水，待水渗下后播种。覆土厚度为0.5厘米左右，然后在畦面覆盖地膜。待种子出苗后，在有苗的位置将地膜撕开一个通风口，让苗长出来，在地膜上再压上一层薄土，既防长杂草，又促苗生长。

以上移栽育苗，苗木生长较快。直播育苗通过加强管理，当年也可以嫁接。

2. 用压条法繁殖无性系砧木

对于国外引进的苹果砧木，以及需要用无性繁殖方法来繁殖的砧木，用压条法是快速繁殖壮苗的有效方法。压条法主要有以下2种。

（1）直立埋土压条法。采用此法繁殖苗木，被压的枝条无须弯曲，呈直立状态或保持原有的角度。在植株基部堆土，经过一定时间后，覆土部分能发出新根，形成新植株。对于苹果矮化砧，用嫩枝压条容易生根。可以在春季芽萌发之前，将枝条在地平面以上留2~3厘米后剪去，使伤口下长出2~5个新枝。当新梢生长至30厘米高时，用疏松的湿土埋至新梢基部10厘米处。新梢生长至50厘米高时，再埋土至约20厘米处。2次埋土要在7月雨季之前完成。到秋季新梢基部生长出很多新根后，可以分离出圃。这种方法每年可以连续利用，繁殖大量砧木。

（2）水平埋土压条法。将一年生砧木植株斜向种在苗圃中，并将植株枝条水平压倒在浅沟中，并覆土。当新梢生长出来后，适当疏去生长弱的，保留生长旺盛的，并和直立压条一样分2次加土在新梢基部。到秋季后每个新梢基部都能长出新根，形成新的植株。

苹果嫁接最适宜用"T"形芽接法，时间在8月中下旬至9

月上旬。这时春季播种的砧木过筷子粗，形成层活动力强。接穗木质化程度提高，芽饱满，嫁接成活率高。

在嫁接前1个月，要把砧木上离地10厘米处的枝、叶抹除，使茎干光滑，便于嫁接。接穗要从优种树上采树梢部分的发育枝，或从无病毒苗圃的采穗圃采集。要确保品种纯正和不带病毒病等病虫害。

进行"T"形芽接速度很快，每天每人可嫁接1 000株以上。

"T"形芽接成活率高。嫁接后当年不萌发，故在用塑料条捆绑时，要将叶柄和芽全部包扎起来。这样可以防雨水浸入，有利于保护芽片越冬。嫁接后不要剪砧，到翌年春季，在接芽上方0.5厘米处剪砧，并除去塑料条，以促进接芽生长。要及时除萌，加强管理。秋季后可生长成壮苗出圃。

（二）多头高接

多头高接一般用于苹果大树的品种改造。由于原有苹果品种都有一定的经济价值，要求嫁接后尽快恢复树冠和产量，或在嫁接换种的同时，原品种还有一定的产量。因此，在嫁接技术上要采取一些新的措施。

1. 超多头高接换种

一棵较大的苹果树，可高接100~200个头。接口处粗度为2厘米左右。所以，一般主、侧枝和辅养枝，包括结果枝组，都要进行嫁接。由于嫁接头很多，在嫁接时必须采用快速的方法。插皮接是速度最快的，但必须在砧木萌芽、树液流动、砧木能离皮时嫁接。插皮接适用于比较粗的砧木，如2厘米左右。对于更小的砧木可用合接法，速度也很快。接穗要进行蜡封。每个头接1个接穗，接后用塑料条包扎。这种方法嫁接成活率极高。

2. 长接穗嫁接技术

一般春季嫁接用的接穗，都是削面上留2~3个芽。留芽少，萌发后生长旺盛，但形成枝叶比较少。用长接穗嫁接，芽萌发量大，形成小枝多。由于苹果花芽多在短小的枝条顶端，生长旺盛的枝条一般不能形成花芽，大量短枝能形成花芽提早结果。同时，由于芽萌发多，生长量小，不易被风吹折。

用长接穗嫁接虽然有很多优点，但以前高接时把接穗包扎起来很困难，往往在接口愈合之前，接穗已经抽干。现在应用了蜡封接穗，长接穗也很容易蜡封，蜡封接穗都用裸穗包扎。嫁接方法和速度都与短枝接穗一样，嫁接成活率同样很高。所以，采用长接穗多头高接，是一种加速恢复树冠、提早结果的好方法。

3. 腹接换头技术

要求砧木比较幼。嫁接时，应将各个主枝前端缓缓向下拉弯，使其成为脊状。也可以结合拉枝，用绳子将枝头下拉。然后在凸起的脊处进行腹接。嫁接成活后，接穗萌发生长在枝条的高部位，由于顶端优势的作用，其生长势比前端下垂的枝条旺。下垂的枝条可以正常开花结果，保留 1~2 年后剪除。这样既可以保持原有的产量，又可以逐步更换品种。

4. 高接花芽当年结果技术

接穗利用带有腋花芽的长枝，或带有几个短果枝的结果枝组，基部粗度在 0.8~1 厘米，可适当长一些。嫁接前，将接穗进行蜡封。由于枝条较长或分枝多，所以必须用较多的石蜡及较大的锅，以保证所有分枝上都能封蜡。嫁接方法可采用劈接法或合接法。如果接穗不太粗，也可以采用插皮接。高接带花芽枝时，一般把它接在砧木相应的小枝上，接后能开花结果。如果营养不足，坐不住果，也没有关系，这类枝条翌年肯定能结果。这是一种使新品种提早开花结果的嫁接方法。

5. 折枝高接技术

为了既保持苹果树有产量，又要使嫁接成活的新品种很快生长，可以采用折枝高接技术。其方法是将砧木枝条锯断约 2/3，然后再进行折枝。注意不要将枝条完全折断，而应使树皮和一些木质部仍然连接。在折枝处进行嫁接，一般可采用插皮接，使用蜡封接穗，接后要把伤口包严。由于砧木没有完全折断，当年还能开花结果。与此同时，伤口处嫁接的新品种开始萌发生长。由于砧木接口下枝条生长的角度低，而接穗又具有顶端优势，所以它生长较快。等到新品种枝条长大后，应将前端的砧木剪除。

第二节　梨

一、整形修剪

（一）幼龄树修剪

幼龄梨树包括未结果树和初结果树，多在 10 年生以下。修剪任务：一是树冠整形培养好各级骨干枝，二是留足辅养枝和培养好结果枝组。修剪特点：一是在整形中要严格控制顶端优势，防止上强下弱，并注意骨干枝及时开角。二是培养枝组时应注意少疏多留和先截后放，并配合夏剪达到增枝促花目的。一般是短截长枝，缓放中短枝。幼树前期根系弱，发枝少，树冠生长扩大慢，应尽量多留枝叶养好根。对强旺枝应尽量通过拿、弯、刻和摘心技术进行控制改造，使其尽早成花结果。骨干枝延长头应适当重截，并配合中下部刻伤生枝培养大、中型枝组，以防中后期大树的骨干枝下部缺枝光秃而造成生长结果部位外移。

（二）结果树修剪

结果树主要是指盛果期的大树，多在 10~13 年。修剪任务主要是平衡树势，控制树冠大小，培养"三配套"健壮枝组，回缩更新长弱交叉结果枝和"鸡爪"式弱短结果枝群，疏花疏果合理负载，防止大小年。并及时疏除外围密挤枝，改善冠内光照，减轻结果部位外移，提高结果质量。树冠整体修剪应"内截外疏弱回缩，强化树势结好果"。

（三）衰老树修剪

衰老树是指树龄在 50 ~ 60 年及以上，枝组和枝干都有明显衰弱的老龄树。树体特征是外围枝生长量很小，内膛和下部有新枝产生，表现为向心生长。花多果少，个头小品质差，结果部位外移严重。修剪任务主要是对衰弱老化的枝组和枝干回缩更新，并结合疏花疏果使树势尽快复壮。回缩工作应从局部到整体、从枝组到枝干全面有计划地进行，不可一下回缩太多太急而因造伤过重削弱树势。枝组回缩可分期分批轮换进行。枝干回缩应用"先育小，后退老"先养后缩法，即回缩前先减少挂果量改善其回缩枝干的营养条件，使其生长势转强，并在回缩部位先通过环溢、环剥等造伤措施抑前促后，使下部潜伏芽萌发新枝，并选留背上的强壮枝按预备新枝头培养 1 ~ 2 年，然后再在此处去除以上原来的老弱枝头。若下位已有萌发的背上新枝，也可直接在此回缩。枝干回缩后应做好伤口消毒，以保证新枝头正常生长。同时，还应注意改造利用好树冠各个部位随时萌发的徒长枝。总之，幼树生长强旺，应注意枝干和枝条生长角度开张，修剪时可用背后枝换头。大老树生长衰弱，则应注意枝干和枝条生长角度抬高，回缩时应用背上枝换头。这就是梨农所总结的"幼树剪锯口在上，老树剪锯口在下"的修剪经验。

二、嫁接

（一）当年成苗嫁接技术

梨进一步发展的方向是建立密植梨园。因为梨的特点是结果早，只要加强管理，2 年就能结果，3 ~ 4 年进入早期丰产。同时，近年来引进一些梨的新优品种，需要加速投产。因此，对梨苗的需求量较大，如何加速优质苗木的发展，是生产上急需解决的问题。可采用"三当育苗"的方法，即"当年育砧木苗、当年嫁接、当年成苗"的方法，解决生产需苗的问题。

1. 砧木苗的培育

梨种子的沙藏与苹果砧木种子的沙藏方法相同。12月初挖沟沙藏，至翌年1月中旬取出。这时种子虽然已通过低温阶段，但一般还未萌发。可将种子和湿沙运到室内堆放，并将室温调到25℃左右，每天喷水，并翻动1次种子。10天左右即能露白，可以进行播种。

将种子播种在温室营养钵中。营养钵直径和高度为5~8厘米。播种前要将营养钵装好营养土。营养土要从大田取，不要用菜园和果园中的土，以尽量减少土壤中的病菌和杂草种子。土中要施充分腐熟的马粪和颗粒肥料，使营养土疏松肥沃。营养土装钵时顶上要留出0.5厘米的空当，用以覆盖种子和浇水用，装好营养土以后，将发芽的种子播入其中，每钵种1粒。上面的覆盖土中，要加70%敌磺钠可湿性粉剂，每亩用1.5~5千克。使将敌磺钠与适量的过筛湿润细土混合均匀，然后用来覆盖种子，厚度约0.5厘米。用药土盖种子对防治梨苗猝倒病和立枯病，有很好的效果。

播种盖土后，在放置营养钵的苗床表面覆盖地膜，以增温保湿。待大部分种子出苗后，及时揭膜，并适当喷水，促进苗全、苗齐。要注意温度的调控，最适温度为15~20℃。

4月中旬，小苗有4~5片真叶时，将营养钵中的幼苗从温室移出，采用大垄双行方式，定植到大田苗圃中。垄与垄之间的距离为70厘米，垄背耙平，上面移栽2行苗，2行苗之间的距离为15厘米，株距为15厘米。这样形成55厘米和15厘米2种不同

宽的行距。在 55 厘米处可以进行嫁接操作。移栽时，要使营养钵中的土团不散，完好地连苗带土移入苗圃。移栽后，浇水入两垄之间。水逐步渗入根部，比灌"蒙头水"要好。为了促进幼苗生长，也可以在双行苗上作塑料拱棚，以提高温度和湿度，促进幼苗的生长。到温度较高时，将拱棚膜改铺成地膜，并打孔使苗露出膜外。地膜压在苗的下面，起到保温、保湿和压草的作用。

2. 苗木嫁接

由于采用温室育苗，生长期提早了 2 个月。到 6 月，幼苗已经生长得比较粗壮，可以进行芽接。芽接时，可采用"T"形芽接法进行操作。嫁接的部位和一般芽接不同，要在基部留 5 片叶，嫁接在 5 片叶的上面。嫁接后，再在接口上边留 5 片叶后，将上面的嫩梢剪掉。在接芽前后的 10 片叶都是老叶片，能制造养分，供芽片愈合，同时提供根系所需的有机营养。嫁接 10 天以后，接芽即成活，可在接芽上面 1 厘米处将砧木斜向剪断，同时去掉塑料条。剪口面在接芽的一边要高一些。

注意：梨接穗上的芽比苹果、桃等果树的芽要大，在嫁接取芽片时，芽片内侧与芽相接的"小肉"常常会掉下来。有研究强调带"小肉"芽接是成活的关键，没有"小肉"就嫁接不活。其实这点"小肉"是一小段维管束，是从木质部连接芽的组织。不带"小肉"嫁接后双方愈伤组织能把砧木木质部与接芽之间的空隙填满，对芽接成活没有影响。如果要带"小肉"，在取芽片时就必须移动芽片，增加接穗芽片内侧形成层的磨损，反而对成活率有不良影响。

3. 接后管理

在接芽前的砧木剪除后，接芽下面保留的砧木叶片不能除去。这些老叶片进行光合作用所制造的产物，对根系营养是非常重要的，它能保证嫁接苗健康生长。因为接芽处于枝条的顶端，具有顶端生长优势，所以萌发后能抑制下部腋芽的萌发生长。但是在接芽萌发前，下部保留叶的腋芽可能会萌发生长，一定要及时除去，以免影响主栽品种芽的生长。

接芽生长后要及时追肥，前期以氮肥为主，后期应增施磷、钾肥。这样既可促进苗的生长，又能使枝条生长充实。由于梨芽易萌发，生长也快，所以通过加强管理，秋后苗能生长到 80 厘米以上，符合出圃的标准。

（二）提早结果的多头高接

在梨树改换品种时，为了能提早结果，并进行老树更新，可采取以下措施。

1. 多头高接

嫁接在春季芽开始萌动时进行，接穗要事先进行蜡封。砧木接口处的直径应在 2 厘米左右。砧木的主干和主枝及其侧枝、副侧枝、辅养枝和结果枝组都进行嫁接。嫁接方法以插皮接为宜。插皮接速度最快，成活率高。对于 2 厘米直径的枝条，用剪枝剪剪后，不必将剪口削平，可直接插入接穗。每个头插 1 个接穗，用塑料条捆绑也很快。对于较细的接口，可用合接法进行嫁接。采用多头高接，嫁接当年可以恢复树冠，翌年大量结果。

2. 嫁接长接穗和结果枝

对接穗要先进行蜡封。长接穗为 20 厘米左右。结果枝一般可用结果枝组，切削部分比较粗壮，一般为二年生枝，上面着生短果枝。嫁接时，可将接穗接在砧木直径为 2~3 厘米的切口处。嫁接方法以插皮接为主，结合采用合接法。长接穗嫁接成活后，芽萌发数明显增加，生长势缓和，当年可形成花芽，使嫁接的接穗形成结果枝组。嫁接的结果枝，当年可开花结果。如果树势旺，则可以促进结果，增加收益。如果树势弱，则疏掉当年的花和果实，待翌年再结果。总之，嫁接花芽是提早结果的有效方法，但嫁接后生长势比较弱。

第三节　桃

一、整形修剪

（一）树冠整形

1. 丰产树形确定

桃树由于非常喜光，其丰产树形多为无中心干的开心形。目前生产上用得较多的是自然开心形和挺身开心形。

2. 整形技术要点

（1）骨干枝结构配置。

①干高与定干：桃树适合低干整形，干高 30~50 厘米，整形带宽 20 厘米，所以定干高度 50~70 厘米。北方品种较直立，可适当低些。南方品种较开张，可高些。

②主枝配置与培养：主枝是桃树最关键的骨干枝，配置与培养时应注意以下问题。

一是主枝基部的着生方式。三主枝邻接时各主枝生长易均衡，但常与主干结合不牢固，结果负重后易劈裂，密植小冠负载量小还不要紧，但稀植大冠因负载量大则明显不行。三主枝邻近时结构牢固，但主枝间生长势多不均衡，一般是下强上弱。为避免这两种排列形式的缺点，三主枝之间常采取下二者邻近而上二者邻接的混合形式。也有对三主枝均采取邻近，而通过调整各主枝开张角度的差异和第一侧枝远近不同来达到各主枝相对平衡发展的目的。

二是主枝的开张角度。主枝开张角度与树体生长势、产量、寿命有密切关系。主枝过于直立，易发生上强下弱，下部和内膛枝已早衰、枯死而出现光秃。主枝过于开张，易发生枝头早衰而后长，不仅影响树体结果，还会使寿命缩短。为了使树体成形进入盛果期，主枝的角度应长期保证 45°～50°，在幼树整形期则应将直立型北方品种按要求开角，而开张型南方品种适当缩小到 40°左右，并注意随其树龄的增大不断调节和维持最好的角度。

三是主枝的数量。为了保持树冠通风透光，桃树的主枝数不宜过多，以 3 个为好。

四是主枝的灵活安排。主枝的数量、开张角度和基部着生形式根据品种特性确定以后，在目标树形中具体排列与培养时还应根据桃园地形条件等进行更科学、更实际地灵活配置。如在山丘梯田桃园，可把第一、第二主枝安排在背梯田壁的前坡方向，第三主枝安排在朝向梯田壁的后坡方向，且开张角还可适当减小。以抬高枝位，适应地形，扩大主枝的延伸空间。

③侧枝配置与培养：侧枝培养宜早不宜迟，应在主枝的第四年生段以前培养好，培养过迟时易使树体上强下弱和下部果枝早衰枯死。主枝上第一侧枝距主干的距离应保持 60 厘米左右，以上侧枝间距可缩小到 30～50 厘米。侧枝在主枝上分层排列时，两个侧枝为一层，层内距要小，层间距要大。侧枝不分层排列时，间距可由下向上依次缩小。无论侧枝排列是否分层，同侧间距须保持 1 米左右，侧枝大小均为下大上小。侧枝数量还要考虑主枝数多少，主枝少时侧枝可多，主枝多时侧枝可少。侧枝角度应与主干延长线保持 60°～70°。

（2）结果枝组安排。整形同时在骨干枝上培养好大、中、小各种类型枝组。一般大枝组居下，中枝组居中，小枝组居上和插空培养。大枝组有 10 个以上分枝，中枝组有 5～10 个分枝，小枝组有 5 个以下分枝。枝组间距按同侧位置和同生长方向来说，大枝组保持 60~80 厘米，中枝组保持 40~50 厘米，小枝组保持 20~30 厘米，单结果枝保持 10 厘米左右。这样，下部的枝组体积大、生长强、结果稳、寿命长，有利控制结果外移和内膛光秃现象。

（3）快速整形技术。桃树的强旺枝一年可发 2~3 次副梢，这为冬、夏剪结合加速整形提供了有利条件。所以，除冬剪时可选留培养主、侧枝外，夏季仍可连续整形，按要求保持各种骨干枝的合理角度与从属关系，突出延长头生长优势，控制不规则枝条竞争发展。这样一年中就可先后选留出主枝和侧枝来，并利用适时摘心技术同时培养出结果枝组。

（二）修剪技术

1. 幼龄树修剪

桃树的幼龄期是指桃树在定植后 5~6 年还未结果或结果不多的幼年时期。树体特点是枝形较直立，树体生长旺盛，发枝量大，具有较多的发育枝、徒长性果枝、长果枝和副梢。枝条虽易成花，但花芽少，坐果率低，且着生部位较高。所以，修剪的首要任务是结合冬、夏剪充分利用副梢培养好主从分明的各级骨干枝和结果枝组，注意开张枝干、枝条的角度和平衡树势，防止上强下弱。修剪量宜轻不宜重，以尽量使树势缓和，成花结果。为防止以后结果部位快速外移，每年冬剪时应适度短截骨干枝的延长头。剪留长度一般为 40~70 厘米。为保持从属关系，主枝宜长些，侧枝宜短些；为维持枝势平衡，弱枝宜长些，强枝宜短些。在骨干枝的中下部两侧应选健壮枝条，留 30~40 厘米短截，经连续培养后成为大中型枝组。对竞争枝、直旺枝应及时疏除或拉枝控制，在向枝组转化改造的过程中应注意冬夏剪结合，去强留弱，去直留平，并使其带头枝折线延伸，以保持枝组与枝干的从属关系。

2. 结果树修剪

结果树主要指结果较多而且质量较好的盛果期树，一般在定植后 7~20 年。树体特点是骨干枝比较开张，树势缓和，枝组齐全，强旺枝和副梢逐渐减少，短弱果枝增多，树冠下部与内膛小枝容易枯死，结果部位明显外移。所以，修剪上除骨干枝应适当加重短截外，主要任务是细致修剪结果枝组。方法是通过适当重截结果枝促发新梢，多留预备枝，调节好结果与生长的关系。结果枝与预备枝的比例依树冠部位高低决定，上部 2：1，中部 1：1，下部 1：2。长果枝留 6~8 节花芽短截，中果枝留 4~5 节花芽短截，短果枝留 2~3 节花芽短截。花束状果枝若有空间可留在 2~3 年生的枝段结果，一般应尽量多疏少留，更不能短截。只有这样才能控制花芽提高结果质量。生长季若发现花果过多，应及早结合修剪疏除。对衰弱的枝组应抬高枝头强化长势。对老化枝应及时回缩更新，尽量控制结果部位外移。对密乱交叉枝应及时疏除或回缩，以改善树冠内膛的光照条件。

3. 衰老树修剪

衰老树是指 20 年左右及以上枝干衰弱、枝组衰亡、产量与品质明显下降的高龄树。特点是中小枝组大量衰亡，大枝组与枝干整体衰弱；长、中果枝减少，短果枝和花束状果枝增加，结果枝结果后不能抽出健壮新梢，甚至枯死，树冠内膛和下部光秃，结果部位严重外移；花多果少，果实发育不良，个头小，易脱落，品质差。所以，在修剪上应以更新为主，结果服从更新。大、小枝都应加重短截和缩前促后，抬高枝头，控制花果，疏除密弱枝，集中养分强化长势。对发生在各个部位的徒长枝一定要注意适时改造利用，绝不可轻易疏除。衰弱的骨干枝可在下部较好的大型枝组处回缩，也只有回缩才能促使后部内膛发生新枝达到更新枝组的目的。回缩后的主、侧枝仍需保持从属关系。对其后部发出的新梢应及时短截加以培养，形成适合自身生长空间的枝组。

二、嫁接

（一）砧木培养与嫁接育苗

1. 种子处理

将作砧木育苗用的桃核，用清水浸泡 48 小时左右，捞出后与 5 倍的细沙混合，在背阴处挖沟，沟深 80 厘米，沟内先铺 5 厘米厚的湿沙。然后将拌好的种子与沙子一起铺在沟中，一直铺至距离地面 40 厘米处，其上再铺湿沙。上面盖一层塑料薄膜，其上再填土，使表面要稍高于地面，以防积水。

播种前，将经沙藏一冬的种子从沙藏沟中取出。如果已经露白发芽，则可以播种。如果发芽很少或没有发芽，则可以改在温度较高的地方堆放，或放在向阳处，并喷水保持温度，表面覆盖塑料薄膜，几天后就能发芽。在播种前，要进行药剂拌种，以防治根瘤病。一般 5 千克种子用 50% 苯菌灵可湿性粉剂 75 克，拌匀后播种。

2. 整地及播种

在华北地区，于 3 月下旬播种。在其他地区，可相应提前或延后播种。每亩播种 1.5 万~2 万粒，可成苗 1 万株以上。一般每亩的用种量约 75 千克。

育苗地要选择背风向阳、排水良好的沙质壤土地。不适宜在盐碱地育苗。苗圃切忌连作，以防发生根瘤病和生理性病害。经施肥、整地、作畦、灌水和耙平后播种。一般行距 50~60 厘米、株距 10~15 厘米。出苗后要加强管理，并及早除去苗干基部 10 厘米以下的分枝（副梢）。这样苗木粗壮，嫁接部位光滑，可当年嫁接。

3. "三当苗"的培养

"三当苗"即当年育砧木苗、当年嫁接、当年出圃的苗木。培育"三当苗"的方法是当年3月上中旬，将沙藏层积好的毛桃、山桃或山杏种，采用大垄双行播种，或宽窄行带状畦播，宽行距40~50厘米、窄行距10厘米，每畦4~6行，每行的种子间距5~8厘米（点播）。播后覆上地膜。5月底至6月中旬，当砧木苗粗0.5厘米以上时，在离地面3~4厘米处进行嵌芽接。由于这时砧木和接穗都很嫩、皮很薄，不宜用"T"形芽接，而用嵌芽接则容易操作。需要注意的是，在嫁接前7天，要对砧木苗追施1次速效氮肥，以促进树液流动，提高嫁接成活率。嫁接后不剪砧。嫁接后8~10天，待接芽愈合成活后，在芽的上方2~3厘米处折砧，将砧木木质部半折断，树皮不要断开，使枝条失去顶端优势，叶片制造的光合产物可以供接芽的生长。如果不折砧，而是在接芽前剪砧，则会使接芽和砧木一起枯死。在接芽前2~3厘米处折砧后，接芽萌发并抽出10~15厘米长新梢时，部分叶片已经进入功能期，即有足够的光合产物，这时再从接芽上方约0.5厘米处剪断砧木，结合增施速效肥料，抹除砧芽，及时防治病虫害，当年苗木即可生长到60~80厘米高，形成比较理想的壮苗，即能出圃。

4. 嫁接苗的圃内整形

砧木苗在苗圃中的数量应适当少一些，每亩约5 000株。嫁接时间在8月中下旬。这时砧木生长很快，形成层活跃、接穗也多，双方都易离皮，适合进行不带木质部的"T"形芽接。接后为了防止雨水浸入并便于操作，在用塑料条捆绑时，不必露出芽和叶柄，可以从下而上地将接口部位全部绑起来。这种方法成活率达100%，一人一天能接1 000个芽，速度快、成活率高。接后不剪砧。要注意为了不刺激接芽萌发，在砧木切横刀时要浅一些，不要过多地伤到木质部，这样就不会萌发。

到翌年春天，在接芽前0.5厘米处剪砧，并除去塑料条。当嫁接苗长到60~80厘米高时，应及时摘心，以促进生长副梢分枝及加粗二次梢生长，利用二次梢作骨干枝。摘心工作要求在6月下旬以前完成。如过晚摘心，则再抽生的副梢成熟不好。摘心后，在摘心处下方留出3个不同方向的副梢，将其培养成三大主枝。在整形带以下的副梢，要全部抹除。在60~80厘米的整形带内，也可以留3个以上的副梢，待苗木定植后可以选留合适的主枝。

这种方法对培养优质苗非常重要，可使果园提早成形和结果。如果不摘心、不培养分枝，由于桃苗生长旺盛，苗木出圃时可高达100~150厘米，主干上的整形带内分枝很弱，不能作为骨干枝，而主干又太高，定植时还需重新定干，这就延长了幼树成形的时间。所以，桃苗在圃内整形是培养早成形、早结果、早丰产嫁接苗的有效措施。

(二) 桃的高接换种

对于野生的山桃和毛桃，以及市场滞销的桃品种，可以采用高接换种的方法，将其改造成市场上畅销的优良品种。

改造时的嫁接方法是采用多头高接法。春季枝接的最佳时期，是砧木芽萌动而又尚未展叶的时期。接穗要事先进行蜡封，并要求比较粗壮充实；不宜用髓心大的细弱中短果枝，而宜用徒长性果枝或长果枝。嫁接时可采用插皮接。如果砧木接口较大，也可用袋接法进行嫁接，因为山桃和桃树皮韧性强，不容易破裂。进行袋接的效果也很好。一般以接口较小为宜，接后用塑料条捆绑。对于大砧木，接口可能较大，要插2个以上的接穗，接后可套塑料口袋。桃树树龄较大时，结果部位上移，中下部枝条空虚。通过多头高接，可以将树冠压缩，使结果部位下移。同时，对中部空虚的部位，要用皮下腹接法来增加枝条，达到立体结果。这种多头嫁接，也可起到老树更新的作用。

第四节　葡　萄

一、整形修剪

（一）树冠整形

葡萄整形主要有 2 种方式。

1. 扇形整枝

扇形是目前篱架栽培应用最多的整枝形式，棚架和篱棚架也用。基本结构有 3~6 条较长主蔓，在架面呈扇形分布。主蔓上有的还培养侧蔓，仍为扇形分布。有侧蔓时主蔓数可少，无侧蔓时主蔓数可多。在主、侧蔓上培养枝组和结果母蔓。扇形根据有无主干分为有主干扇形和无主干扇形，简称有干扇形和无干扇形。前者基部有主干，不便下架埋土防寒。后者从地面直接培养主蔓而不要主干，便于冬季埋土上、下架作业。

（1）扇形整枝主要树形。我国葡萄产区扇形整枝用得较多的是多主蔓无干自然扇形。结构是从地面直接培养 3~5 个主蔓，主蔓上有时还分生侧蔓，主、侧蔓上着生枝组和结果母蔓。此形整枝修剪很灵活，主、侧蔓和枝组数量与间距无限制，分布十分自然。各主蔓的粗度、长度及年龄也不一致，结果母蔓采用后述的长、中、短梢混合修剪方式。此形优点是主蔓多而小，枝蔓容易培养和更新。骨干蔓分布自然，枝组修剪灵活。树冠成形快，结果早，容易丰产。缺点是整形修剪过于随便，技术难以掌握，枝芽留量与密度不易控制，经验不足时架面容易出现枝蔓过多过乱、从属关系不明、通风透光不好、上强下弱和结果部位上移等现象，这样容易使下部枝蔓衰弱干枯，影响中后期树形稳定和树体结果。

（2）扇形整枝操作过程。扇形类型很多，但整形过程大同小异。第一年先在萌芽前对定植的一年生葡萄苗依枝蔓粗细定干。无干扇形应在近地面处剪截。一般苗蔓粗度在 0.8 厘米以上的留 6~7 个芽短截，粗度 0.6~0.7 厘米的留 4~5 个芽短截，发芽后仅留 3~4 个健壮新梢培养主蔓，其余抹除。粗度 0.6 厘米以下时留 2~3 芽短截，发出壮枝后翌年再长留短截培养主蔓。主蔓新梢应及时在夏季用临时支棍扶直，使其生长健壮，较长的也可直接上架。副梢一律留一片叶摘心，以促进主梢发育壮实。在秋季落叶后将粗度在 1 厘米以上的留 60~70 厘米短截，1 厘米以下的留 2~3 个芽短截。翌年，主蔓可发出几根较好新梢，副梢仍留一片叶摘心。主梢在秋季落叶后选上部粗壮的作主蔓延长蔓仍留 60~70 厘米短截，下部按侧蔓培养的留 5~7 个芽短截，其余留 2~3 个芽短截培养为枝组，枝组间距 20~35 厘米。将来结果母蔓采用短梢修剪时，枝组间隔可近些，采用中长梢修剪时可远些。上年短留的主蔓可发出 1~2 根新梢，秋季落叶后冬剪时选留一根粗壮的作为主蔓延长蔓仍按 60~70 厘米短截，其余疏除。也可在生长季只培养一条可作主蔓的壮蔓。第三年仍按上述方法和从属关系继续培养主、侧蔓和枝组。不培养侧蔓的树形，全部枝组都在主蔓上直接培养。主蔓高度达第三道铁丝，并具备 2 个侧蔓和 3~4 个枝组时，树形基本完成。

2. 龙干形整枝

龙干形是我国多地葡萄老区广泛采用的整枝形式。一般多用于棚架，篱架和篱棚架也适用。适于丘陵山坡旱地园，地面管理方便，整形修剪简单。架面骨干蔓少，结果蔓多，分布均匀有序，通风透光好，果实质量高。缺点是前期枝蔓少，产量低；无侧蔓的主蔓更新较困难，且对产量影响较大；主蔓粗壮而长，不便于上、下架埋土防寒管理。

（1）龙干形整枝主要树形。基本结构是从地面或架面附近培养数条大小和长短相近的直向架面顶端延伸的主蔓，主蔓上不培养侧蔓而直接培养枝组。枝组间距20~25厘米，架面空间大时可用长、中、短梢混合修剪，架面空间小时用短梢和极短梢修剪。经短梢修剪而成的枝组，各结果母蔓很短，形似龙爪，俗称"龙爪"，直通顶端的主蔓称为龙干。龙干形整枝类型主要是从主蔓龙干多少、大小和有无主干三方面进行区分。这里主要介绍无干形。

无主干龙干形可依主蔓龙干数量分为独龙干、双龙干和多龙干3种树形。生产上把一个植株中只有一个主蔓龙干直向架面顶端延伸的称独龙干形，两个龙干的称双龙干形，三个以上龙干的称多龙干形。从架式配套上说，独龙干形适于小棚架，双龙干形和多龙干形适于大棚架。生产上应用较多的是双龙干形，因为龙干过多、过少都有一定缺点。

（2）龙干形整枝操作过程。龙干形整枝形式虽多，但整形过程相同。采用无干龙干形整枝时，第一年可对苗木从地面附近留3~5个芽短截，萌芽后选粗壮的新蔓作主蔓龙干培养，其余弱小蔓可疏除或短截后再对发副梢反复摘心控制。各主蔓新梢长度和粗度长势应基本一致。主蔓延长梢超过1米后应行摘心，使其发育粗壮。秋季落叶后，各主蔓均留1米左右短截。翌年，春季萌芽后仍需在主蔓顶端选一个健壮新梢作延长头，并保持较强生长优势，其他留7~8节摘心控制。秋季落叶后，主蔓龙干顶端的延长头可留1~2米短截，下部其他枝蔓均留2~3个芽短截。将来结果母蔓采用短梢剪法时每隔20~30厘米间距培养一个"龙爪"短梢枝组。但将来结果母蔓采用中长梢修剪时，枝组间距应扩大到 30~35 厘米。第三年后仍按上述方法继续培养主蔓龙干和枝组龙爪，在结果的同时尽快完成整形过程。

（二）修剪技术

整形的目的是培养良好骨架结构，确定结果枝组分布形式与位置。修剪目的则是确定结果枝组中的枝芽量，更新老弱结果枝蔓，保证树冠枝叶通风透光和平衡发展。

1. 幼龄树修剪

葡萄幼树是指定植后 5 年以前处于低产阶段的小树。其特点是树体长势旺，分枝多，容易发生健壮副梢和成花结果，正是培养骨干蔓和结果枝组进行树冠整形的有利时期。为了加快整形速度和提高早期产量，除冬剪外还可在生长期内充分利用副梢进行整枝，连续培养主、侧蔓和结果母蔓。目标树形的选择主要应考虑品种特性、适用架式和修剪方式。力争在 5 年左右使骨干枝基本定型和枝组基本定位，使产量稳定提高。

2. 结果树修剪

结果树主要指盛果期树，一般在定植后 6~20 年。在整形修剪技术中，不同的架式与树形会明显影响盛果期长短。一般篱架整形可达 10~15 年，棚架整形可达 15~20 年。此时期的修剪重点是不断理顺、调整和更新结果枝组，培养优枝优芽，平衡枝势，疏花疏果，控制结果部位，保持架面树冠通风透光条件与优质高产能力。

3. 衰老树修剪

葡萄树容易早果丰产，也容易衰弱。管理不当 8~10 年后就开始衰弱，结果力随之下降。管理较好的情况下可将衰老期推延到 20 年以后。衰老表现是：一年生枝蔓细弱无力，芽子瘦小，生长结果能力衰退，多年生骨干蔓下部光秃无枝，整个植株的新生枝蔓和结果部位严重上移，超过架面。这时就须从多年生大枝蔓上进行更新。

（1）局部小更新。对个别严重衰弱的老骨干蔓在下部新蔓处逐步回缩，对还有一定结果能力的另一些骨干蔓暂时保留，当更新蔓生长到一定大小且具有一定产量时，再将这些暂留的老骨干蔓在下部新蔓处回缩。此法对植株在更新期的产量影响较小，应用得较多。

（2）全面大更新。对整株严重衰弱的树一次性将所有骨干蔓在下部留新蔓全部回缩，甚至从根部萌蘖处彻底去除。此法对植株在更新期的产量影响较大，一般不多采用。但对管理特别粗放已造成全园植株病虫累累几乎处于衰亡状态的葡萄园，则可采用此法。

（3）枝干埋压更新。有些植株着生新蔓和结果的部位严重上移，主、侧蔓枝干的中下部已光秃无枝，仅顶端部位有较好的枝蔓维持着树体的产量。这种树更新时为了不影响产量，可将老蔓中下部光秃的枝段通过弯曲埋压于附近的土中，仅把上部健壮枝蔓留在地面以上，重新从架基部按照适合的树形引缚培养新的骨干蔓，以达到降低枝位和更新树体的目的。

二、嫁接

（一）嫁接育苗

嫁接育苗一般有 2 种方式：一是先扦插繁殖砧木，然后再嫁接优种葡萄。二是将未生根的砧木枝条和接穗嫁接在一起，然后扦插，即把嫁接和扦插结合起来。现在介绍后一种快速发展优良葡萄苗木的方法。

嫁接时期在 1—2 月，于温室中进行。先取出预先冷藏的砧木接穗。砧木苗 2 个芽，长度近 10 厘米，下端剪成马耳形斜面，上端在直径处切一切口。选粗度和砧木相等的接穗，留 1 个芽，在芽上边1厘米处剪截，在芽下边约5厘米处，削2个马耳形削面，使之呈楔形，用劈接的方法进行嫁接。嫁接后，将嫁接苗捆成捆，使下口齐好。然后将伤口浸泡在含有100毫克/升萘乙酸溶液中。要注意不要使接口浸泡溶液中，而是使接口下2~3厘米长的部分浸入溶液中，浸泡8~12小时，然后再扦插。

温室内要事先做床，床深15厘米，在底部铺电热丝。在电热丝上面铺2厘米厚的细土，在细土上面再放置装有营养土的塑料袋。塑料袋可用圆筒状的，直径为8厘米，高20厘米，没有底（一般先在塑料长管内装土然后切断，长20厘米），一个挨一个地排满在床内。然后将嫁接好的葡萄苗插在塑料袋内，使接芽在土的表面，似露非露即可。注意营养土要疏松湿润，插入葡萄苗后不再浇水，只可以表面喷一些水，但水不能渗到接口处。如果浇水渗入接口，则妨碍嫁接口的愈合，接口土壤过干也影响愈合。所以在扦插时要注意保持营养土的湿度，要求手捏能成团、土团掉在地上能散开。

以上嫁接和扦插完成后，地热线要加温，使插条基部马耳形伤口处的温度保持在20~25℃，嫁接处的温度也能在20℃以上，而整个温室的温度不宜过高，可抑制芽萌发。到接后20天，砧木下伤口长出很多愈伤组织并开始生根，嫁接处也长出愈伤组织，使砧木和接穗愈合，同时芽也开始萌发。1个月以后，可进行浇水等正常管理，地热线可停止加热。到4月中旬，可以将苗移到大田。这时地下部分根系发达，嫁接愈合良好，地上部分已生长约10厘米高，长有4~5片叶。移苗时要做到土团不散，一般用刀片将塑料薄膜纵划破，将带土团的优种苗栽入苗圃中。经过精心管理，秋后可形成壮苗出圃。

（二）高接换种

葡萄植株有一些特点：一是葡萄植株伤流液多。伤流液主要在芽萌发之前有很多，芽萌发后就很少了。在有叶片的情况下，截断枝条则没有伤流液。所以，嫁接一般不宜在春季芽萌发之前进行。二是葡萄老枝条树皮很薄，也不易离皮，所以不宜用插皮接。三是葡萄芽很大、隆起，一般也不宜用不带木质部的芽接。葡萄高接换种，可采取以下嫁接方法。

1. 老蔓嫁接

对于较大的葡萄要换种。为了节省劳动力和接穗，需要在春季嫁接在老蔓上。同时为了减少伤流的影响，嫁接时期要晚一些，等到展叶后嫁接。在嫁接时要保留一些基部生长的小枝，叫"引水枝"，使根压产生的伤流液通过小叶片蒸发掉，而不影响伤口的嫁接，嫁接前对接穗要进行冷藏。嫁接时接穗不能萌发，应将接穗蜡封后再嫁接。

进行老蔓嫁接，采用劈接法。接口用塑料条捆紧包严。接芽萌发后，要控制"引水枝"的生长。到接穗大量生长后，可将"引水枝"剪除，以免妨碍接穗的进一步生长。

2. 嫩枝嫁接

先将老的葡萄蔓从基部进行更新短截，刺激基部重新发出生长旺盛的新枝。萌芽后，要适当择优选留，抹除过多的萌芽。在5—6月，嫩枝木质化较好时，进行嫩枝劈接。在接口下要留5片叶左右，但要控制叶腋芽的萌发，对萌发的芽及时抹除，以促进接芽的萌发生长。在进行嫩枝多头高接时，每一个新梢都要嫁接接芽。

3. 带木质部芽接

对于比较小的葡萄砧木，以及大砧木嫁接后生长出来的萌蘖，或没有嫁接成活的砧木新梢，都可以实施带木质部芽接。在秋季9月，采用嵌芽接方法进行嫁接。接后用塑料条进行全封闭捆绑，不要剪砧。到初冬埋土前或不埋土地区的冬季，再进行剪砧，剪到接芽前 1 厘米处。到翌年芽萌发后，保留嫁接芽生长，而将砧木生长的芽全部抹除。

葡萄高接时枝蔓很多，适宜进行多头嫁接，可加速发展优良品种。

第五节 樱 桃

一、整形修剪

（一）整形

樱桃整形主要根据砧木、品种以及气候条件的差异而采取不同的树形，目前生产上所用的树形可分为以下几种。

1. 自然开心形

根据多年来的产实践，自然开心形多用于甜樱桃，它成形快、修剪量小，有利于早结果，且便利管理及采收，有利防风害。

（1）树体结构。干高 30~40 厘米，全树有 3 个主枝，分枝角度 30°，最后除去中心干就形成了自然开心形。

（2）整形过程。第一年在 45~60 厘米处定干；翌年对各枝留 60 厘米左右短截，不足 60 厘米的可以不剪，中心干延长枝留 70~80 厘米短截；第三年采用同法短截。对过密及直立的枝可剪去。

2. 自然丛状形

常用于中国樱桃和酸樱桃。中国樱桃和酸樱桃树势较弱，一般采用自然丛状形。全树有 5~6 个主枝，向四周开张延伸生长，每个主枝上又有 3~4 个侧枝，结果枝着生主枝和侧枝上。此树形的角度大，成形快，结果早，但树冠内部易郁闭。

3."Y"形树形

"Y"形树形行向南北，每株两个主枝对称在两边，整形期间需要用支撑架固定绑缚。此树形通风透光好，开花结果容易，果实质量好，适宜密植，管理方便。

4.主干疏层形

生产上对甜樱桃过去多采用此树形，特别是干性明显、层性较强的品种，如那翁等，能长成大树，但因修剪量较大，常延迟结果，同时树体高大，管理与采收不便，又易招致风害，故多风地区不宜采用。

（1）树体结构。主干高 40~60 厘米，有中心干，主枝数 6~7 个，分 4~5 层着生在中心干上。第一层有 3~4 个主枝，开张角度 50°~60°；第二层 2 个主枝，开张角度 45°左右；第三至五层各有 1 个主枝。一二层层间距为 60~80 厘米，二三层层间距为 40~50 厘米，三四层层间距为 30~40 厘米，四五层层间距为 25 厘米左右。每个主枝上配备 2~4 个侧枝，同时在各级骨干枝上培养结果枝。

（2）整形过程。第一年春季，定干高度 60 厘米，翌年选出第一层 3 个主枝及中心干，第三年选第二层个主枝及第一层侧枝，侧枝及辅养枝达到五六个时，再选留 3 个位置及方向适宜的作为主枝并除去中心干，第一主枝要求距地面高 40 厘米左右。

（二）修剪

1.注意事项

修剪时应注意区分发育枝和结果枝两类。发育枝常见于幼树，其前端叶芽延伸生长，扩大树冠，下部腋芽抽生结果枝。结果枝常见于结果期，樱桃进入结果期后，除一年生枝顶芽为叶芽外，腋芽多为花芽。结果枝依长度分为长果枝、中果枝、短果枝、花簇状果枝，其长度分别为：15~20 厘米、5~15 厘米、1~

2厘米。从结果能力看，花簇状果枝坐果率能达80%左右，是盛果期旺树上的主要结果枝，不仅果实品质最佳，而且可连续结果10~20年；短果枝果实品质亦佳，坐果率亦高；中果枝结果能力因品种而有差异；长果枝坐果力一般在40%左右，相对较差；短果枝和花簇状果枝是产量形成的基础。酸樱桃、中国樱桃在初果期以长、中果枝为主，而在盛果期则短果枝和花簇状果枝比例较大。

2. 幼树期的修剪

在整形的基础上，对各类枝条的修剪以生长期的摘心为主，修剪程度不要太重，增加分枝，以控制枝梢旺长，加速扩大树冠。这样就能达到幼树早结果的目的。冬季应在萌芽前修剪，以免修剪过早，剪口失水过多而干枯。应对主枝和延长枝短截，一些过密、交叉枝应适当间疏，要尽量保留其余的中、小枝，以培养结果枝组、建立强壮的骨架及良好的通风透光条件。

3. 盛果期的修剪

夏季修剪常在采果后进行。修剪时应对树冠结构进行调整，采用疏剪去除扰乱树冠、过密过强的多年生大枝，促进花芽形成。另外，还要注意伤口要平、要小。疏除一年生枝时，可先将基部腋花芽以上剪截，在结果光秃后进行疏除。冬季修剪时，应注意对2~3年生枝段进行适当回缩，防止树冠内部光秃和结果部位外移，以刺激新果枝的不断形成和营养生长。

4. 衰老时期的修剪

衰老时期应及时更新复壮，利用生长势强的徒长枝来形成新的树冠。对无结果能力的枝条应及时回缩。隐芽的寿命5~10年时，可利用隐芽回缩更新。为了减小对树体损伤，回缩处最好有生长较正常的小分枝。回缩修剪后，选择位置、方向、长势适当、向外开展的徒长枝来培养新的主枝和侧枝。应疏除过多的徒长枝形成结果枝组，余者短截，促发分枝，然后缓放。大枝更新应在采果后进行，这样就能避免引起伤口流胶。

衰老树的更新复壮除注意大枝的更新外，还应加强肥水管理，才有利于恢复树势。

二、嫁接

（一）接穗的采集

春接一般在冬季剪下穗条。接穗应在生长健壮的品种树，上选择发育充实、木质化较好、芽眼饱满、无病虫害的一年生发育枝上采剪。

（二）接穗处理

枝条采好后按品种分级打捆，将品种、采集时间等挂牌标记清楚，然后用湿沙将接穗贮藏于地势高燥的背阴处。挖沟深 40 厘米、宽 1 米，长度依需要而定。先在沟底垫上 10 厘米左右的湿沙，再将接穗整齐放好后覆土 25~30 厘米，定期检查，以防接穗失水或发霉。待到嫁接时取出接穗。在使用过程中注意保湿，避免失水是接穗保存中的重要环节。秋接可随接随采无须处理。

（三）嫁接时间及方法

对樱桃来说嫁接时间的选择尤为重要，这直接影响嫁接的成活率，2 月下旬至 3 月中旬，日平均气温在 15℃左右时嫁接最好；秋接及冬闲时间在室内嫁接次之；唯有夏接不可取，因为夏季气温高，砧穗易氧化影响成活且夏接极易引起苗木伤流致死。砧木为本地矮樱桃或莱阳矮樱桃嫁接部位粗度在 0.5 厘米以上。

通过试验比较，采用带木质部芽接方法嫁接成活率最高。方法是：芽片长度削至 1.5 厘米左右，削芽片时先在芽下方 0.8~1.0 厘米处约 30°向下斜切一刀，深度达到木质部（可适当深些，取芽时方便），然后在芽上方1厘米处斜切一刀平推至下面切口处，使芽背后带一层木质部。选择砧木与接穗粗度相当的苗木，在距地茎8~10厘米处用同样方法削出接口，接口可适当比接芽长些（易于嵌入芽），深度与接芽厚度相当接口削好后，迅速把接芽插入砧木切口，下端对齐平贴于接口处。如砧穗粗度不一致尽量使接芽与砧木的韧皮部一边对齐，然后用宽1.5厘米、长30厘米左右的塑料绑条从下接口开始绕起，由下而上使绑条顺颈缠绕，上一圈下缘压住下一圈上缘绕至芽顶打结系紧，使雨水、露水不能流入，保证成活率。绕绑条时一定要把芽凸留在外面，以防灼伤。由于砧木和接穗韧皮部都含有丰富的鞣酸类物质，遇空气极易氧化变褐，阻碍愈伤组织形成及营养物质的流通，所以一定要加快削接穗和切砧速度，尽可能减少接芽和砧木切口在空气中暴露的时间，并随时擦去刀上遗留物质，这样可大大提高成活率。削接穗和切砧顺序因个人习惯而定，关键是尽量减少接口在空气中的暴露时间，这是提高嫁接成活率最重要的一环。

秋接以8月中旬到9月上旬为宜，冬接与春接均可在室内进行，方法相同。

（四）接后处理

嫁接后管理改过去一次下砧为分段下砧或二次下砧。所谓分段下砧就是把剪砧工作分作两步或三步（依情况而定）。首先在嫁接芽尖端露绿即可剪去砧木上部，砧木上部留两个分枝，既保留足够的叶子制造养分又可让接芽有适量的光照。当接芽长到2厘米左右时剪去上部的第一层分枝，第二层适量留叶。待接芽吐1~2片叶时，可距接芽2~3厘米处剪砧。在第三次剪砧的同时，在嫁接芽的对侧用刀片由上至下割绑割开但不拿掉，以免影响接穗抽出枝条的营养供给。抹芽工作每10天1次，一直持续到6月中旬。与此同时要及时做好浇水、中耕除草施肥及病虫害防治工作。

经过这样精心操作和管理，一年生苗木达到 1 米以上的可占 87%，苗木嫁接成活率可达 95% 以上。

第六节　板　栗

一、整形修剪

（一）矮化密植板栗树常用树形

矮化密植板栗整形应以低干、矮冠为目标，根据品种干性强弱，常用的树形有主干疏层形和自然开心形。

（1）主干疏层形。干高 60~80 厘米，有主枝 5~6 个，基部主枝 3 个，与中心干的夹角 50°~60°；第二层主枝 2~3 个，层间距 70~90 厘米，主枝间距 20~30 厘米，每个主枝上着生 2 个侧枝，第一侧枝与主干距离 50~70 厘米，第一、第二侧枝间 40~50 厘米。成形后，树高 3~3.5 厘米，冠径 3 米左右。

（2）自然开心形。干高 50~70 厘米，无中心干，全树 3~4 个主枝，层内距 50~60 厘米，每个主枝上有 2 个侧枝，第一侧枝距主干 50~70 厘米，第一、第二侧枝间距 40~50 厘米。成形后，树高 2.5~3 米，冠径 3 米左右。

（二）早果控冠技术

矮化密植板栗幼树阶段修剪的任务除完成整形、培养好骨干枝外，主要是通过夏季反复摘心，促生分枝，增加结果枝的形成量，以提高早期产量，控制树冠的过快增长。

（三）内膛徒长枝修剪法

合理利用内膛徒长枝。养树结果、更新换头。每年修剪时要及时剪除细弱枝、无用枝、病虫枝、干枯枝和没有利用价值的徒长枝，有利于减少营养消耗、复壮树体长势。冬季以分散与集中修剪相结合；夏季辅以摘心为主。

生长枝修剪：对生长过旺的树去强留中庸，少短截，长放中庸枝。对树势较弱，结果母枝数量少，结果部位外移的树要回缩顶端枝。同时，疏去过密枝、下脚枝、病虫枝、细弱枝及徒长枝，但徒长枝在空虚之处有补充必要时，宜留1/2长度或5~10芽短截，促其分枝形成结果母枝。

结果母枝修剪：树冠外围15厘米长以下结果母枝应疏除。结果母枝留量一般每平方米树冠投影面积8~12个，过多时每个2年生枝上可留2~3个结果母枝，留一部分作为更新母枝，所留结果母枝按饱满芽所在位置和数量进行修剪，一般留最饱满芽3~5个剪截，如最饱满芽位于结果母枝先端，可不剪截。

结果母枝上抽生的新梢留先端1~2个结果，其余20厘米左右摘心，促其形成强壮更新母枝。每个结果枝留1~2个栗苞，结果枝结果后回缩到更新母枝处。

（四）自然开心形板栗整形修剪技术

1. 整形修剪

栗树整形修剪常用方法如下。

（1）定干。栽植后距地面50~70厘米处剪截，注意剪口下方要留5~7个饱满芽。

（2）主枝选留。当年，从剪口下抽生的枝条中选出3个长势均衡的枝条作为主枝培养，使枝条以50°~60°开张，向外斜生。

（3）侧枝培养。翌年从各主枝抽生的健壮分枝中选留2~3个作为侧枝，侧枝在主枝上的间距为50~80厘米，并左右错开，夏季反复摘心，促生分枝，增加枝量。

2. 结果树修剪

视树势不同采用分散与集中修剪法，集中修剪法是在弱树弱枝上，通过疏间和回缩，使养分集中，分散修剪法是在强树强枝上多留枝，使养分分散。

（1）结果母枝修剪。强结果母枝尾枝上有5~6个完全混合花芽，应轻剪，保留2~3个结果枝，中壮结果母枝尾枝上有3~4个完全混合花芽，保留1~2个结果枝，过密重叠时，则疏剪较弱的枝，衰弱的结果母枝应回缩，在下面培养新的结果母枝代替。弱结果母枝附近的细弱枝及早疏除，使养分集中供应母枝，使其转弱为强。

（2）雄花枝修剪。10厘米以上雄花枝留基部2芽短截，不超过10厘米或顶芽饱满的短粗雄花枝，翌年可抽结果枝，可不剪。

（3）营养枝修剪。30厘米以上的营养枝，于基部留2芽短截，促生新的结果母枝；长度在20厘米以下的健壮营养枝可甩放不剪。

（4）结果枝修剪。尾枝健壮，芽体充实饱满，按上述处理结果母枝方法处理；尾枝细弱，芽体不饱满，可按营养枝的方法剪截。

（5）促长枝的控制和利用。长度30厘米以上的强旺促长枝，应先于夏季摘心，冬季短截，促发分枝，翌年去强留弱，去直留斜；对于弱树主枝基部发生的徒长枝，应保留作更新枝。

3. 衰老树修剪

衰老树修剪主要是更新。对衰弱大枝采用留桩更新，回缩至基部留8~10厘米，刺激隐芽萌发形成新枝，每年更新1/3左右骨干枝。更新后，2~3年内参照幼树的修剪法。

二、嫁接

（一）苗期嫁接

1. 砧木育苗

板栗或野板栗的种子，越冬前需要沙藏在潮湿低温处（0℃

左右）。由于板栗种子很容易发芽，所以一定要进行低温控制。到气温达10℃左右时即可播种。

苗圃应选择地势平坦、较肥沃的沙质酸性土壤地，整地前先施肥作畦。一般畦宽1~1.2米、长5~10米。播种采用纵行条播，行距30~40厘米、株距10~15厘米，每亩播种量为100~150千克。播种时最好把种子平放，尖端不要朝上或朝下，这样有利于出苗。覆土3~4厘米厚。

为了保证土壤的水分供应，在播种前要灌足底水。约3天后开沟播种，并适当镇压。出苗后，要加强肥水管理，及时中耕除草和防治病虫害。到秋季或翌年春季即可进行嫁接。

用板栗或野板栗作砧木，也可以直播，将种子直接播种到定植板栗的地方。这样幼苗嫁接成活后就不要再移苗。直播育苗更要注意杂草和病虫害的防治。直播育苗开始生长量较小，当年秋季不能嫁接。过冬前需要平茬，剪去地上部分。翌年春季，从伤口萌出很多芽，要选留一个生长旺盛的新梢，而将其余的芽抹掉。这样由于营养集中，幼苗生长苗壮，到秋季即可以嫁接。

2. 嫁接方法

进行板栗苗期嫁接，一般采用带木质部芽接法。由于板栗砧木的木质部不呈圆形，而呈齿轮形，如果用不带木质部的"T"形方块芽接，则双方形成层不能密切接触，一般难以成活。

板栗芽接一般适用嵌芽接。进行嵌芽接的时期，要根据砧木的生长情况而定。如果当年砧木生长快，到秋季下部茎干已经达到或超过筷子的粗度，则可在当年9月嫁接。如果砧木较弱，则需到翌年春季或翌年秋季再进行嵌芽接。除嵌芽接外，春季嫁接也可以用合接或切接。

秋季嫁接，要求当年芽不萌发，以免冬春季新梢干枯死亡。要使芽不萌发，只要接后不剪砧，接口上部砧木叶全部保留。到翌年春季芽萌发之前，在接芽上部 1 厘米处剪断，并去除塑料条。对砧木萌生的芽要及时抹除，以促进接芽萌发和生长。春季进行嵌芽接后，要立即将砧木剪断，剪口在接芽上方 1 厘米处。春季枝接都宜用蜡封接穗，成活后要及时除萌，加强管理。

（二）幼树嫁接

1. 砧木培养

从板栗树的生长和结果来看，板栗幼树嫁接的效果比苗期嫁接好。板栗在幼树阶段以生长为主，重点是要有发达的根系，树冠也需加速生长，实生树比嫁接树生长快。所以，如果苗期不嫁接，先定植在板栗园，或直播造林先形成实生栗园，等幼树生长到 3~5 年生树时再嫁接，接后即进入结果期。

实生园的株行距一般以 3~5 米为宜。可以结合间作豆类和花生等矮秆作物，最好能间作绿肥，以增加土地肥力，促进幼树生长。

2. 多头嫁接

对于 3~5 年生的幼树，为了要进一步扩大树冠，达到既提早结果又加速生长的目的，必须进行多头嫁接。如果将主干锯断接一个头，虽接后生长势很旺，但树冠明显缩小。同时，由于生长过旺，因而不能提早结果。

多头嫁接的方法有 2 种，一种是多头芽接，另一种是多头枝接。

（1）多头芽接。在秋季后期，一般在 9 月生长基本停滞时进行。可采用带木质部的嵌芽接，嫁接部位在新梢基部。如果新梢数量不多，而且都比较粗壮，则每个新梢都进行嫁接，可接 10 个左右。如果新梢过多，可以只接粗壮的，细弱的不接。

嫁接后不剪砧，要求不影响砧木的生长，能安全越冬。翌年春季，在接芽上方 1 厘米处剪砧，并把塑料条清除。要注意除萌和促进接芽生长。

（2）多头枝接。春季进行嫁接时，可采用合接或腹接法。因为砧木接口比较细，不宜用插皮接。用合接法时，接穗要预先蜡封。可用比较粗壮的接穗，最好和砧木的年生枝条粗度相当，使合接时左右两边的形成层都能对齐，提高成活率，并且生长快，结果早。

第七节　柿

一、整形修剪

（一）幼树的修剪

（1）定干。定植后剪截定干，定干高度 1.2 米，并选留第一层主枝。

（2）中干和主侧枝的修剪。中干生长较强，应剪去全长的 1/4 或 1/3，去掉壮芽，以保持均衡。中干达第二层高度时短截，促发强壮分枝作第二层主枝。主侧枝一般不短截，为平衡骨干枝的生长，对强主侧枝可剪去一部分，以减缓生长势。修剪时，注意开张角度，扩大树冠，少疏多截，增加枝量。

（3）枝组培养和修剪。短截骨干枝以外中庸发育枝，促生分枝，培养结果枝组。

（二）盛果期树的修剪

（1）调整骨干枝角度以均衡树势。结果盛期后的骨干枝，前端极易下垂，应及时调整骨干枝的角度，将生长衰弱的主枝原头逐年回缩到向斜上方生长，逐渐代替原头，抬高主枝角度，恢复主枝生长势。对过多的大枝应分年疏除，改善内膛光照，促使内膛小枝生长健壮，开花结果。

（2）截缩结合以培养结果母枝。盛果期应注意多培养健壮的结果母枝，这是增产的关键。要利用回缩大枝发的新枝（包括徒长枝），适时短截，促其分枝，培养结果母枝，同时将过多的结果母枝短截，培养出预备枝，作为翌年的结果母枝。

具体方法：第一年将多余的结果母枝短截，使之成为更新母枝；翌年抽出 2 个结果母枝，上枝结果，下枝短截成为更新母枝。

（3）利用发育枝、徒长枝，培养结果母枝。利用柿树内膛发育枝、徒长枝计划有目的促发更新枝，培养结果母枝。

（4）疏除细弱枝、密挤枝、交叉枝、丛生枝、病虫枯枝，减少养分消耗，以利通风透光。

（三）衰老期柿树的修剪

衰老期树势极度衰弱，修剪时可根据衰老程度进行回缩，一般可在 5~7 年生部位留桩回缩，甚至于主枝的部位回缩更新。

二、嫁接

1. 砧木培养

采集砧木种子，要求果实完全成熟软化。搓烂后用水洗去果肉，即得到种子。把种子放在通风处阴干，贮藏在筐内，放在冷凉的地方过冬。到春季播种之前，进行浸种催芽。其方法是将种子放入缸内，然后加入 40℃ 的温水浸种 1 小时，并充分搅拌。自然降温后，再浸种 24 小时。捞出种子后，掺 3~5 倍湿沙，摊在炕上或堆放在温度较高的室内，每天喷 2 次水，一般 10~15 天种子即开始萌发，露出白尖时即可播种。

春季一般在 3 月下旬至 4 月上旬播种。苗圃地应先施肥灌水然后播种。每亩的播种量为 6~7 千克，可得苗 70 000~80 000株。一般可作畦进行条播。畦宽 1.5 米，条播 4 行，开沟 3 厘米深，种后覆土厚约 2 厘米，然后进行地膜覆盖，出苗后打开地膜，按株距 10 厘米进行间苗定苗。要加强肥水管理。一般生长 1 年后嫁接。

2. 嫁接的特点和方法

柿树嫁接比其他果树嫁接要求更严格。由于柿树枝条内含鞣酸类物质，在切面易被氧化变色，形成一层隔离膜，阻碍砧木和接穗间愈伤组织的形成和营养物质的流通。因此，必须在双方形成层活动最活跃时期嫁接。这时愈伤组织生长快，可克服鞣酸的不利影响。同时，还要采用砧穗之间接触面大的嫁接方法。

嫁接方法的选用，与接口的大小有关。同时，由于高接时空中操作比较困难，因此，嫁接方法应以简便快捷为宜。砧木接口较大的，一般都可以用插皮接。插皮接一般接口插 1 个接穗，接后容易捆绑。如果插 2 个以上的接穗，则需用塑料口袋将接穗套起来。砧木接口小的，可用合接法，嫁接速度快，成活率高。对于内膛缺枝的地方，可以用皮下腹接法来增加内膛枝数量，有利于立体结果。

第八节　草　莓

一、整形修剪

在草莓栽培中，采用科学方法修剪植株，不但能节省养分，提高产量，改善品质。而且还能缩短收获期节省劳动力。修剪时要注意把好"四关"。

（一）花前疏蕾

每株草莓一般生有 2~3 个花序。每个花序可着生 3~30 朵花。据观察，传粉受精后，先开的花，一般果实都结得大；后开的花，果实则结得小，甚至还会形成不孕无效花。因此，在草莓开花前的花蕾分离期，当第一朵花开放时，及时把高级次花蕾适量疏除，可使植株体内养分集中，具有着果集中而整齐、果实大、成熟快的特点。采果期也相应缩短。

（二）剪摘葡萄茎

草莓生长中葡萄茎大量发生，会消耗植株体内养分，影响新茎上新根的生长及秋季花序的分化。因此，在草莓旺盛生长季节，除了繁殖需要保留的新茎以外，应及时摘除植株上多余的葡萄茎。所摘葡萄茎，主要是母株上后发生的葡萄茎，以及先发生在葡萄茎上的延伸茎。

（三）摘除老叶和弱芽

草莓的叶片在整个生长过程中，是不断更新的，即先长出的叶片逐步变黄而枯死，新的叶片不断生出。特别是越冬老叶片常常有某些病原菌寄生。因此，摘除老叶片，在草莓生产上显得极为重要。其方法是：当新叶生出后，应及时将老叶以及植株上生出的弱侧芽一并除去。这样有利植株间通风透光，改善营养环境，促进植株健壮生长。

（四）割叶

果实采收后，应酌情将地上部分叶片割除。只保留植株上刚露出的幼叶，以每株留 2~3 叶为宜。生产实践证明，在适宜的气候条件下，割叶后 20 天左右，即可长出新叶，恢复植株原状。割除老叶后，能有效地控制葡萄茎的发生，刺激增生新茎和花芽数量，预防病虫害的发生，是提高下一个年度草莓产量的有效措施。

二、嫁接

草莓是蔷薇科草莓属多年生草本植物，而果树是木本植物，不能进行嫁接。草莓的繁殖方式为新播种子的繁殖和地下茎分株繁殖，播种繁殖一般在春季期间，在秋季 7—8 月也可以进行。分株繁殖适合在春季换盆期间进行，秋季 9—10 月也可以。

（一）地下茎分株繁殖

当草莓园翻修时，老植株被砍掉，更多的根被保留，2~3 片叶子的幼苗被再次移植。

（二）新播种子的繁殖

草莓可在当年 7—8 月或翌年春天播种。播种前，将种子在水中浸泡 12 小时。膨胀后，将其撒在准备好的细苗床上，洒水并覆盖薄膜。幼苗大约 10 天就可以出苗。幼苗长得强壮后，可移栽至田里。

第九节　李

一、整形修剪

（一）整形

李树的整形主要有以下两种方式。

全树 4~5 个主枝，最后除去中心干，即为自然开心形。这种树形通风透光。内膛和下部的枝组结实力强、寿命长、便于管理，此树形一般采用两层疏散开心形。

树体结构是第一层三个主枝，层间距 80 厘米左右，第二层两个主枝以上落头开心。此树形可提高树冠、增多枝叶、提高单产，土壤肥沃、管理条件好的果园多采用此树形。

（二）修剪

1. 幼树修剪

李树的直立枝和斜生枝多而且壮，下垂枝和背后枝少而且弱。幼旺树更易发生直立枝和斜生枝。因而在整形阶段、除第一、二年定干和短截增加长枝外，则应以轻剪缓放为主，并多留大型辅养枝，尽快地填补空间，增加短枝量、分散养分、缓和树势，提高早期产量。但要适时回缩、疏枝，以至完全将辅养枝疏除，为骨干枝让路，对于发枝多的植株，骨干枝也不必短截，可以拿枝扩角，或利用其分枝换头调整角度。对发枝少的植株应轻剪，促生分枝，以便培养成侧枝和枝组，徒长枝一般疏除。

采用自然开心形的树，应注意选骨干枝两侧的上斜枝适度短截，再去直立枝、留斜生枝、培养大中型枝组，增加结果部位。主枝角度小的，要培养背斜大枝组。

2. 盛果期修剪

利用骨干枝经常换头的方法，控制树体大小，调整先端角度，维持其适宜的生长势。

上层枝和外围枝应疏、放、缩相结合，即疏密留稀，去旺留壮，保留的枝条缓放不截。翌年在适宜的分枝处回缩。这样做不仅可以减少外围枝叶，改善内膛和下层的光照条件、缓和树冠上部和外围的生长势，缩小上下、内外枝条生长势的差距。枝组应疏弱留强、去老留新，并有计划地分批分期地回缩复壮，控制其密度和长度。需要先端优势的可用叶丛枝或花束状果枝作剪口枝；需要缓和先端生长势、增强中下部的生长势，则用中、短果树作剪口枝。发育枝以缓放 1～2 年、及时回缩为宜。回缩后先端发出的新梢，可选留一个中庸枝补延长枝，将其余的疏去，从而削除先端优势，延长下部花束状果枝的经济寿命。

二、嫁接

（一）砧木选择

将野生的桃、李、樱桃等树桩移栽成活后离地面 6～10 厘米

处（也可根据树形）剪断或锯断作为砧木。

（二）接穗的选择

选用发育充实的一年生粗壮芽饱满无虫害的半木质化枝条作穗条，取段长 7 厘米左右，留 5~7 个芽作为接穗，采集好的接穗用湿布包好随取随用。

（三）嫁接方法

一般在砧木芽萌动前或开始萌动而未展叶时进行。常用劈接法主要是适用于较粗的砧木，此方法易掌握，接口愈合快而牢固，成活率高。在嫁接的前一天砧木浇一次水，接时把砧木切面用刀削平，再用嫁接刀或刀片直劈长约 3 厘米的劈口，把采好接穗的下端也削成一侧稍厚另一侧薄、长约 3 厘米的楔形削面，只留 2~3 个芽。然后将接穗稍厚的边朝外，薄边朝里，插入劈口形成层对准，用宽塑料条绑紧包严。对接穗上端剪口用塑料薄膜绑实，防止水分蒸发和虫害。如遇干燥、风大天气，必须用透明的塑料袋，里面再放吸足水的小棉球后，把自接口以上部分罩住并把袋口扎紧。

（四）嫁接后的管理

1. 除萌

嫁接后 10 天左右砧木上即开始发生萌蘖，如不及时除掉，将严重影响接穗成活后的生长。除萌蘖要随时进行，小砧木上的要除净；大砧木上的如光秃再长，应在适当部位选留一部分萌枝，翌年再接；如砧木较粗且接头较小，则不要全部抹除，在离接头较远的部位适当保留一部分，以利长叶养根。

2. 补接

嫁接 20 天左右要及时检查，对未成活的要及时补接。

3. 松绑

松绑应及时，过早，愈伤组织还未长好，接口未愈合，影响成活和新枝的生长发育；过晚，会勒伤甚至勒断接穗。一般接后新梢40厘米时，就可以松绑，若发现不是愈合很好的还应重新绑上，过1个月后再次检查，直至伤口完全愈合才可全部解绑。

4. 防风

在第一次松绑的同时，用直径3厘米、长100厘米的木棍下端插入地下，将新梢引绑其上端，每一接头都要绑一支棍，以防风折。

5. 摘心

8月末摘心以促进新梢成熟，提高抗寒能力。

6. 追肥

幼树嫁接的要在5月中下旬追肥1次，大树高接的在秋季新梢生长后追肥。各类型嫁接树8—9月喷药（0.3%磷酸二氢钾）2~3次，有利于防止抽条及翌年花形成。

第十节　枣

一、整形修剪

过去枣树修剪只重视结果而不重视树冠整形，只重视开甲而不重视枝组更新。枣树要实现优质丰产和长寿多收，须从幼树开始整形修剪一齐抓，培养好骨干枝和结果枝组。

（一）幼龄树修剪

幼龄枣树是指15年生以下发枝和结果不多且树冠正处于整形时期的初结果树。主要任务是培养骨干枝和结果枝组。针对幼龄枣树分枝少和发枝无规律的特点，修剪上应坚持"以截为主，冬夏结合，促发枣头，尽快整形"原则。具体剪法是适当重截和刻伤单轴独伸的骨干枝延长枣头，促发新生枣头培养下一级骨干枝。重截和刻伤后为保证发枝，均需对剪口芽下位和刻伤芽上位的二次枝进行疏除或各留 1~2 节重截。生长位置与方向不合适的枣头尽量不疏，通过拉枝调整到别处空位加以利用。枣树枝条较硬，单轴加长生长旺，要重视夏剪，调控生长角度与方位，摘心和剪梢时，辅养结果枝要明显重于骨干枝，保持主从关系。生长较弱不够定干高度的幼苗，需将主干上分枝全部去除，仅留一个直上中心干，这利于加强中心干生长和促发新生枣头。当主干范围以上分生出健壮枣头后，再选留主枝。为保证幼树主、侧枝尽快成形，幼树主干一般不进行开甲，主要靠结果枝摘心拉枝和环刻促进结果。

（二）结果树修剪

枣树结果树主要是指经 15 年左右的培养已完成整形而进入盛果期的大树。盛果期可维持 50 年以上，其特点一是分枝量明显增加，树冠大小与形状基本稳定；二是骨干枝比较开张，结果多，品质好，但生长势渐弱，结果枝组弯曲下垂和交叉生长；三是外围枝密挤，影响冠内光照，内膛枝干枯造成结果部位外移，枣股衰老，枝组出现局部自然更新现象。修剪重点是保持合理树形结构和优质高产能力，疏除细弱枝、病虫枝、干枯枝和外围密挤的无用枝，改善树冠通风透光条件。

培养内膛枝，尽量控制结果外移。回缩下垂长弱枝，更新结果年限过长衰老枝。对衰弱快且成枝力差的品种应重截，促发新枣头强化树势。盛花期通过刻剥措施提高坐果率，幼果期通过疏果提高结果质量。

（三）衰老树修剪

衰老树是指盛果期以后的大树，枝条生长量很小，树势极度衰弱，自然萌发新生枣头的能力降低，树冠内外均有较多的干枯枝组。骨干枝头明显弯曲下垂出现较多焦梢，中下部光秃无枝，但潜伏芽受刺激后可萌发徒长枝。抽生枣吊能力显著减弱，花少果小，产量和品质明显下降。修剪重点是全面更新结果枝组，调整改换骨干枝头，重新培养树形，强化树势，延长结果年限。剪法主要是重截和回缩，刺激潜伏芽萌发新枝。一般衰老的完整枝干和枝组均可回缩掉全枝长的 1/3～1/2，残缺不全的可留基部 1～2 个较好分枝加以重缩，位置不适无生活力的可彻底疏除。对回缩后新发枣头及时整理和分别培养，位置与方向较好的可培养为新的主、侧枝，其他可培养成新的结果枝组。对大枝重缩后所留伤口要及时加以修整保护。主干一般不行开甲，以防树势衰弱，影响树体更新复壮。

二、嫁接

（一）多头高接换种

要快速发展枣树优良品种，高接换种是最有效的方法。通过高接换种，可以把其他品种的枣树改造成诸如沾化冬枣等优良品种的枣树。如用沾化冬枣作接穗，对进入盛果期的大枣树进行多头高接，它即成为一棵沾化冬枣的大树，接后翌年可恢复原有树冠，第三年进入盛果期，这是原有枣产区发展沾化冬枣的既快又好的方法。确定高接换种的嫁接部位和嫁接头数，要掌握以下 3 条原则。

第一，要尽快地恢复树冠，嫁接头数以多一些为好。因为嫁接头多，用接穗数也多，使树冠能很快恢复，枝叶茂盛，提早结果，而且丰产稳产。一般嫁接头数可为树龄的 2 倍，如五年生树可以接 10 个头，十年生树接 20 个头，三十年生树接 60 个头，每增加 1 年可增加 2 个头。砧木越大，嫁接头数越多。

第二，要考虑锯口的粗度，通常接口直径在 3 厘米左右为最好。接口太大就不容易愈合，也会给病虫造成从伤口侵入的条件，特别容易引起各类茎干腐烂病。另外，对将来新植株的枝干牢度也有影响，愈合不良的伤口处容易被风吹断，果实负载量过大时也容易折断。

第三，要考虑适当省工、省接穗。嫁接头数不宜过多。如嫁接头数过多，则容易引起嫁接部位距离树干较远，形成外围结果，内膛缺枝。

嫁接枣树也需要保持树形和立体结果，使树冠圆满紧凑，通风透光良好。

(二) 防止枣瘿蚊为害的嫁接技术

在枣产区常发生枣瘿蚊为害枣树。枣瘿蚊幼虫吸食刚萌发的嫩叶，并刺激叶肉组织，使受害叶反卷呈筒状，不久即变黑枯萎。枣瘿蚊成虫在4月羽化，产卵在刚萌发的枣芽上，5月上旬是其为害盛期。由于嫁接树接穗芽萌发比一般枣树要晚，所以枣瘿蚊常集中到萌发晚的嫩叶上为害，使刚萌发的芽凋萎而死亡，嫁接不能成活。为了防治枣瘿蚊的为害，提高嫁接成活率，在嫁接技术上需有所改进。

1. 接口套塑料袋

嫁接后套上塑料袋，可以保持接口湿度，促进愈伤组织生长，有利于接穗成活，使其不会因水分蒸发而抽干。由于接穗在塑料袋里面萌发，枣瘿蚊无法进入其中为害枣芽，因而能保护枣芽正常的萌发和生长。由于枣瘿蚊专门为害嫩叶，不为害老叶，因此等到接穗的叶片长大后，再打开塑料袋，枣瘿蚊则不为害这种老熟的叶片。

2. 适当提早嫁接

由于枣树萌芽晚，因此在正常情况下，枣树春季嫁接的时期也比较晚。但是在罩住接口和接穗的塑料口袋内，到5月太阳直晒时温度非常高，可超过42℃。虽然枣树比较抗热，但是其新梢幼嫩，耐热性较差，加上塑料口袋小，叶片紧贴塑料薄膜，也容易被烫伤，为了降低温度，可在塑料口袋外再围一圈纸。另外，要把嫁接时期适当提前，以免嫩梢在塑料口袋内被高温烫伤。枣树提前嫁接，由于塑料袋内能增温，因而也能促进提早愈合和接芽提早萌发，躲过枣瘿蚊的为害。另外，嫁接的枣树生长期长，生长量大，能提早恢复树冠和提前进入丰产期，获得一举两得的效果。

第十一节 猕猴桃

一、整形修剪

（一）整形

定植后第一年，在植株旁边插一根细竹竿，从发出的新梢中选择一生长最健旺的枝条，用细绳固定在竹竿上，引导新梢直立向上生长，每隔 30 厘米左右固定一道，注意不要让新梢缠绕竹竿生长。其他新梢保留作为辅养枝，如果长势强旺，也应固定在竹竿上。冬季修剪时将此强旺枝剪留 2~3 芽，其他枝条全部从基部疏除。

翌年春季，从发出的新梢中选择一长势强旺枝固定在竹竿上引导向架面直立生长，其余发出的新梢全部尽早疏除。当新梢的先端生长变细，叶片变小，节间变长时摘心，发出二次枝后再选一支强旺枝继续引导直立向上生长。当新梢的高度超过架面 30~40 厘米时，将其沿着中心铅丝弯向一边引导，培养为一个主蔓；在弯曲部位下方附近发出的新梢中，选出一支强旺枝引向沿中心铅丝相反一侧培养为另一个主蔓。两个主蔓在架面以上发出的二次枝全部保留，分别引向两侧的铅丝固定。冬季修剪时，将架面

上沿中心铅丝延伸的主蔓和其他枝条均剪留到饱满芽处。如果主蔓的高度达不到架面，仍然剪到饱满芽处，下年发出强旺新梢后再继续上引。

第三年春季，架面上会发出较多新梢，分别在两个主蔓上选择一个强旺枝作为主蔓的延长枝，继续沿中心铅丝向前延伸，架面上发出的其他枝条由中心铅丝附近引导伸向两侧，并分别固定在铅丝上，主蔓的延长头相互交叉后可暂时进入相邻植株的范围生长。冬季修剪时。将主蔓的延长头剪回到各自的范围内，在主蔓的两侧每隔20~25厘米留一生长旺盛的枝条剪截到饱满芽处，作为下年的结果母枝，生长中庸的中短枝适当保留。并将主蔓缓缓地绕中心铅丝缠绕，1米左右绕一圈，这样在植株进入盛果期后，枝蔓不会因果实、叶片的重量而从架面滑落。

第四年春季，结果母枝上发出的新梢以中心铅丝为中心线，沿架面向两侧自然伸长，采用"T"形架的，新梢超出架面后自然下垂；采用大棚架整形的，新梢一直在架面上延伸。大致到第四年生长期结束，树冠基本成形，以后主要是在主蔓上逐步配备适宜数量的结果母枝。

（二）修剪

整形结束后，冬季修剪的主要任务是选配适宜的结果母枝，同时对衰弱的结果母枝进行更新复壮。

初结果树一般枝条数量较少，以继续扩大树冠为主，适量结果。冬剪时，对着生在主蔓上的细弱枝剪留2~3芽，促使下年萌发旺盛枝条；长势中庸的枝条修剪到饱满芽处，增加长势。主蔓上的上年结果母枝如果间距在25~30厘米，可在母枝上选择一距主蔓较近的强旺枝作更新枝，将该结果母枝回缩；如果结果母枝间距较大，可以在该强旺枝上再留一良好枝条，形成叉状结构，增加结果母枝数量。

进入盛果期后的修剪任务是选用合适的结果母枝，确定有效留芽量，并将其合理地分布在整个架面。结果母枝首先选留强旺发育枝。在没有适宜强旺发育枝的部位，可选用强旺结果枝及中庸发育枝或结果枝。从丰产、稳产、优质和翌年能萌发良好的预备枝等方面考虑，强旺结果母枝的间距以25~30厘米为好。

单株留芽的数量因品种的特性及目标产量而有所不同，萌芽率、结果枝率高，单枝结果能力强的品种留芽量相对低一些，相反则应略高一些。

二、嫁接

（一）砧苗和接穗

在9月底10月初采摘生长健壮、无病虫害、充分成熟的成年毛桃母树果实，软熟后漂洗出种子，晾干（不能晒干）后装入布袋，放低温通风干燥处保存。冬播，将种子与5~10倍细河沙拌均匀，以行距20~30厘米条播到土壤肥沃、排灌方便、1米左右开墒的苗床墒面上，覆盖0.2~0.3厘米细沙或过筛细土，然后再覆盖一层薄薄的松针，浇1次透水保持土壤微干不渍为度。用多菌灵、农用链霉素或甲霜灵进行1次喷雾消毒。翌年2月初，毛桃种子开始萌芽，可扣小拱棚罩单层防晒网保温遮阴。4月底待苗长至2、3厘米高时，要及时除草和间苗，并除去小拱棚炼苗。5月底苗长至5厘米左右时除去防晒网，可以适当浇施0.3%以下浓度的尿素。6、7月雨季毛桃苗生长很快，叶片迅速扩大，重点注意追肥和保持苗不能互相遮搪。苗高30厘米左右要及时摘心封顶，并施以磷、钾肥为主的壮秆肥，确保到8月下旬开展秋季嫁接或翌年春季嫁接时砧苗壮旺质优。

（二）嫁接操作

应以嫁接苗已经开始展叶，而毛桃砧大部分才刚开始发芽的

3月中旬嫁接为宜。将沙藏的枝条，剪成头端微短、根微长5~7厘米带1芽的接穗，两端迅速进行蜡封0.5厘米左右，注意分品种、雌、雄分别同顺摆放；准备2~3厘米宽的塑料薄膜条。当砧木和接穗粗细相近时采用劈接为宜，当砧木较粗、接穗较细时采用插皮接为宜。

第十二节 山 楂

一、整形

山楂树形可用自然开心形和变则主干形，最好是低干、矮冠的主干疏层形，新建园可试用纺锤形。

（一）主干疏层形

干高30~60厘米，树高4米左右，层间距100~20厘米，主枝5~6个，每个主枝上有侧枝2~4个，主枝开张角度60°~70°，盛果期以后逐步落头开心成延迟开心形。

（二）自然开心形

干高10~30厘米，整形带30厘米左右，全树3个主枝，每主枝上着生3个侧枝，其中，2个斜侧，1个背下侧。主枝角度自然开张，主枝角度太小时，主要靠侧枝开张角度。

二、修剪

幼树期在2~4年内，根据树体生长状况，本着旺树轻、弱树重的原则，对骨干枝延长枝实行轻短截或中短截（减去枝条长度的50%），也可以缓放后早春刻芽，还可以生长期摘心，促进早分枝、早成形。非骨干枝中，强枝在有生长空间的地方，可在春秋梢交界处戴帽短截，萌芽数和成枝数最多；在不缺枝的地方用缓放、环剥、晚剪、生长期拉枝和摘心等方法处理，萌芽率高，成花容易；生长期及时进行摘心捋枝等处理，控制形成过强枝。内膛细长枝在饱满芽处轻短截生长量最大，容易复壮。

初果期修剪要保持好各级骨干枝的从属关系，调节各主枝间的平衡，同时，培养好结果枝组，初果树多以中、长结果母枝，其上部抽梢，下部芽多不萌发，出现光腿。在结果 1~2 年后，应轮流回缩，培养结果枝组，防止结果部位外移。可以进行中部环剥、弯枝、别枝等促进光秃带萌发枝条，或结果后逐步回缩。

盛果期尽量保持树冠内部通风透光，培养更新结果枝组使结果枝比例占 50% 左右，平均粗度 0.45 厘米左右，叶面积系数 4~5。按培养的树形维持、调整好各级骨干枝，逐年分批处理辅养枝，保持健壮树势。衰老树回缩更新，进行复壮。

三、嫁接

（一）接穗的采集、蜡封和运输

山楂的嫁接砧木可以用野生的小山楂，也可以用品质差的山楂树。一般都在早春进行嫁接。接穗要选用有市场竞争力的新优品种。如果要到远处引种，则要求在冬季气候寒冷时剪截接穗，在运输过程中要保持低温，同时要防止接穗失水。运到目的地后，要及时把它埋在低温保湿的贮藏沟或贮藏窖中。到早春将接穗取出，在嫁接前进行蜡封。接穗蜡封不要在冬季贮藏前实施。因为蜡封接穗在贮藏过程中，石蜡层容易产生裂缝或脱落，所以在嫁接之前蜡封为好，封后立即嫁接。为了工作方便，蜡封接穗要一次性完成，放在冷窖内保存。每天取一部分嫁接，直到用完为止。在十几天内，封蜡层不会脱落。

（二）多头高接方法

如果要改造的山楂树树龄在 20 年左右，以每生长 1 年接 2 个头计算，每棵砧木大约要接 40 个头。接头越多，树冠恢复越快，结果也越早，但是所需接穗的数量也越多。所以在进行大面积品种改良时，要在 2~3 年完成。具体办法是：第一年嫁接几棵树；翌年从嫁接成活的树上采集接穗数量，可以增加 10 倍，嫁接几十棵树；第三年再从嫁接的树上采接穗，可完成几百棵树的嫁接。

进行嫁接时，一般可采用插皮接。每头插 1 个接穗，接后将伤口包严捆紧。山楂树木质部劈口比较直和整齐。用劈接法比较好嫁接。劈接法嫁接速度较慢，但接后接口牢固，不易被风吹折。

第十三节　核　桃

一、不同年龄阶段的修剪

(一) 幼龄树修剪

核桃幼龄树是指 15 年生以下处于整形时期的未结果和初结果树。幼龄树一般生长较旺，新梢年生长量可长达 30~50 厘米甚至以上，主要任务是培养合理牢固的骨干枝和分布有序的结果枝组，使树冠尽快成形结果。骨干枝延长头应在中上部饱满芽处短截，以促生壮枝，保持骨干枝生长优势。培养枝组要尽量多留枝、促分枝加缓放不剪，促发中短枝开花结果。为防止出现"树上长树"和"背下枝竞争夺头"等乱形乱层现象，干扰骨干枝和枝组发展，要及时摘心、剪截、拉枝，控制改造背上直旺枝和背下重叠外伸竞争枝。对中心干层间的辅养枝可通过摘心和剪截方法促其多分枝，培养成多杈式大中型结果枝组。

(二) 结果树修剪

结果树主要是指 15 年生以上树冠基本成形且开始大量结果的盛果期大树。特征是新梢年生长量明显缩短，多为 10~20 厘米；结果能力迅速提高，丰产时期可持续 30～50 年。加强肥水管理和整形修剪，丰产期还能再延长，有的经多次适时更新后可达百年以上。树冠外围枝易密挤，内膛枝易干枯，结果部位外移快，果实产量质量均受影响。修剪任务主要是清除乱枝，理顺骨干枝与结果枝组的从属关系和层次结构，改善树冠光照，控制结果部位外移，保证优质高产。按要求培养修剪和更新结果枝组，处理交叉枝、三杈枝、重叠枝、并生枝、直立枝和徒长枝等不规则枝条，回缩缓放多年的辅养枝、竞争夺头的背下枝和细长下垂的衰弱枝，疏除雄花枝、密乱枝、病虫枝和枯枝焦梢。

（三）衰老树修剪

衰老树是指经盛果期以后树势明显衰退的高龄树。其特点是树冠中大量出现枯枝焦梢，多数骨干枝衰弱无力，枝组中密生雄花枝，结果能力显著下降。核桃树开始衰老的年龄时期因肥水管理与修剪水平不同而异，一般在 40～60 年后。核桃树潜伏芽多，寿命长，容易萌发新枝，修剪上可利用这个特性通过回缩进行树冠更新。树冠更新分为大更新和小更新，大更新是指在骨干枝中下部留分枝回缩，小更新是指在骨干枝中上部留分枝回缩。果农把更新修剪叫"务树"，大更新叫"大务"，小更新叫"小务"。无论"大务"还是"小务"，都应在回缩老枝前事先培养好更新接班预备枝。当预备枝生长强于原老枝头时，再将原老枝头回缩。为促进更新预备枝尽快生长，也可对老枝头在靠近预备枝处刻伤或环缢。这样，培养目标明确有利于回缩伤口愈合，更新效果好。一般来说，"大务"修剪量较重，树势恢复慢，对树体产量影响较大，用得较少。"小务"修剪量轻，树势恢复快，对树体产量影响较小，用得较多。如果主枝较多且强弱明显不同时，也可采取"大务""小务"结合的方法，将位置不太合适的弱枝采取"大务"彻底去除更新，而将位置较好的强枝在中上部进行"小务"去除衰弱的枝头即可。这样，可通过减少骨干枝数量促使所留主枝快速生长。如果更新预备枝不易培养时，也可选留较好的"辫子枝"进行回缩。无论新培养"预备枝"还是原有"辫子枝"作为新的当头枝，若其粗度与被缩枝粗度差异较大时，都应留一段保护橛回缩，而且要保护好回缩后所留伤口。一般来说，新当头枝粗度小于被缩枝粗度 1/5 时，应留保护橛回缩；大于 1/5 时则可在新当头枝近基部处一次锯掉。

二、修剪时期及任务

核桃树的修剪时期与其他果树不同。从物候期上说，修剪作业一般不在落叶后至发芽前的休眠期进行，也不在果实生长期进行，而是在早春萌芽后至盛花期的生长初期和果实成熟采收后至叶片变黄脱落前的生长末期这两个时期进行。因为核桃树在休眠期修剪，伤口不易愈合，而且还往往发生"伤流"，使大量养分和水分损失，造成树势衰弱甚至枝条枯死。伤流发生的重轻规律一般是大枝重，小枝轻；高温多雨期重，低温少雨期轻。果实生长期修剪虽然不一定有伤流发生，但会导致大量的成龄高能叶减少和果实受损伤，影响光合物质积累，对结果和花芽分化不利。所以，从季节上说，核桃树只进行春、秋剪，而不进行冬、夏剪。一般来说，春剪损失养分较多，有利于缓和树势，促进成花结果；秋剪积累营养较多，有利于增强树势，提高芽子的发育质量，促进翌年发枝长叶和优质结果。因此，幼旺树多春剪，结果大树多秋剪。也可酌情以某一时期修剪为主，同时配合另一时期修剪。

三、结果枝组培养与修剪

(一) 结果枝组培养

单轴直线延伸的枝组容易发生上强下弱，最好培养成多轴曲线延伸的多杈型枝组。培养方法有"先放后缩""先截后放再缩"和"先控后放再缩"3种。一般弱枝用先放后缩法，壮枝用先截后放再缩法，旺枝用先控后放再缩法。无论哪种方法，最后都应把枝组培养成紧凑多杈型，且长势中庸均衡。枝组姿势以背斜、两侧枝为好，背上枝也可利用，但一般不留背下枝。因背下枝生长容易转旺与母枝原头发生竞争。枝组分布做到大、中、小各种枝组相间分布，同侧的大型枝组间距80~100厘米，中型枝组60~70厘米，小型枝组酌情插空培养。注意骨干枝中下部多培养，"光腿"带用刻伤法促进发枝，以防结果部位外移。

（二）结果枝组修剪

结果枝组培养好后，每年还要注意修剪管理。包括回缩长垂交叉枝，疏除密挤雄花枝，挖心老弱三杈枝，控制直旺徒长枝，更新超龄老弱枝，平衡结果发育枝，使结果枝组大小合适，组型合理，通风透光，结果优质，生长健壮。

四、嫁接

（一）苗期嫁接

1. 砧木培养

以本砧为例。首先要育苗，育苗以春季播种为好。因为秋播常遇鼠害等为害，影响出苗。为了保证出苗，核桃种子要经过处理。

处理方法一般可用沙藏。即在土壤结冻前，选择地势高燥、排水良好的阴凉地点，挖深60~80厘米、宽60~100厘米的沙藏沟，长度依种子量的多少而定。先在沟底铺10厘米厚的湿沙，在湿沙上放一层种子，再盖一层3~5厘米厚的湿沙，依次一直填至离地面10厘米时为止。也可以将种子与3~5倍湿沙混合后填入坑内，最后用湿沙将坑填平，再覆土30~40厘米厚，呈屋脊形，四周挖排水沟。沙藏的种子，到春季播种前取出备用。

除沙藏外，也可以用水浸催芽法进行处理。此法是将种子放在水缸等容器中浸泡7天，每天要换水。等种子吸水膨胀后，捞出放在室外暴晒2~4小时，大部分种子缝合线裂开，即可播种。

苗圃地要选择较肥沃的沙壤土地。先施肥灌水，几天后作畦。畦宽1米，播种2行，行距60厘米，株距10厘米。每亩需种子100~150千克，可产苗6 000~8 000株。播种时先开沟。放入种子时，要求种子缝合线与地面垂直，种尖向一侧，这样胚根出来后垂直向下生长，胚芽向上萌出，垂直生长，苗木根颈部平滑垂直，生长势强。如果种子尖朝上或朝下以及缝合线与地面平行，都对出苗生长不利。播后覆土厚一般为5厘米左右。

播种后一般20天左右种子发芽出土。此后要加强肥水管理，中耕除草，防治病虫害，培养壮苗。

2. 建立采穗母树和采穗圃

核桃嫁接成活困难的主要原因之一，是自然生长的优树上没有质量高的接穗。但是核桃树与苹果、柑橘、桃等果树不同，后者树上有很多健壮的发育枝，而核桃树上却没有生长粗壮的发育枝，特别是丰产的优树，全部是鸡爪形的结果枝。这种枝条芽突出很大，枝条细而弯曲，中间髓心很大，用它作接穗很难嫁接成活。要解决这个问题，一般采用以下2种方法。

（1）培养采穗母树。对于确定的优良母树，要进行重剪，刺激它发生优质粗壮的发育枝。修剪时期，要在春季萌芽至展叶期。如果过早，则有伤流液；过晚，则会消耗过量的营养，从而削弱树势。通过重修剪，将结果枝全部压缩，回缩到三年生枝上。在连年利用的采穗树上，基部要留一短桩，以利于分枝，使枝条分布均匀。每年不结果，只生长旺枝。同时，要加强肥水管理，促进生长旺盛。

（2）建立采穗圃。将嫁接成活的优种苗集中种在一起，一般行距为2~3米、株距为1~2米，每年进行剪接穗，不使其结果。这种专门供接穗用的苗圃叫采穗圃。采穗圃的建立，对于核桃嫁接特别重要。因为幼苗和生长接穗的幼树，发育枝生长充实，髓心很小，枝条直，芽也比较小，同时芽的部位不隆起。这种枝条作为芽接的接穗最为合理，用作春季枝接也合适。

采穗圃以大量生产品种纯正的优质接穗为目的。定植前，苗圃地必须细微整地，施足基肥。建圃一定要用优良品种的嫁接苗。一般定植后翌年，每株可采接穗1~2根；第三年可采3~5根；第四年可采8~10根；第五年可采10~20根。以后可将采穗圃培养成密植丰产园。

3. 苗圃嫁接

圃苗的嫁接，不同时期可以用不同的方法。

（1）6月芽接。砧木播种后第一年因为生长量小，不进行嫁接，到翌年春季进行平茬，砧木从根茎部重新萌芽，在几个萌芽中保留生长旺盛的一个芽生成。当生长到6月，枝条已经半木质化、粗度和接穗相当时，可以嫁接。接穗采自采穗圃或采穗母树，选用木质化较好、枝条直、芽较小、生长充实的发育枝。

嫁接方法可用环状芽接。采用这种方法，芽片和砧木的接触面很大，容易成活。嫁接后不要剪砧，只要对正在生长的砧木进行摘心，控制生长。保留砧木的叶片，有利于伤口的愈合。嫁接后15天左右，砧木和接穗完全愈合，接芽开始膨大。这时可将接芽以上的砧木剪除，以促进接芽的萌发。同时，对砧木的萌芽要全部抹除，以使接穗生长加快，达到当年嫁接当年成苗的目的。

（2）8月芽接。当年播种育苗，如果加强管理，到8月中下旬砧木比较粗壮时，就可以进行嫁接。接穗采自采穗圃或采穗母树，要采生长充实、枝条直、芽较小的发育枝，最好随采随接。

嫁接方法可采用方块芽接或双开门芽接。这两种方法，砧、穗双方的接触面比较大，容易成活。但比环状芽接接触面小，所以接后芽不容易萌发。嫁接后不剪砧，也不摘心，不影响砧木的生长，可保证接芽不萌发，以利于安全越冬。到翌年春季，在接芽以上1厘米处剪砧，并抹除砧木的萌芽，以促进接穗生长。到秋后，可培养成良种优质苗木。

（3）春季嫁接。当年播种，如果到8月尚不够嫁接的标准，可以到翌年春季进行枝接。

对于2~3年生较大的砧木，也适宜春季枝接。接穗要从采穗圃或采穗母树采集。一般在冬初剪接穗，冬季进行贮藏。接穗要求粗壮和充实，髓心小，木质化程度高，芽比较饱满。在嫁接前要进行蜡封。

核桃砧木在截断进行嫁接时，伤口一般流出伤流液。大树伤流液比较多，而小苗伤流液较少。为了控制在苗圃嫁接时核桃砧木的伤流液，核桃苗圃春季不要灌水，在相当干旱时，砧木截断后便没有伤流液。也可以在嫁接前挖断砧木的部分根，通过减少根系对水分的吸收来控制伤流液。

嫁接方法可采用切接法或劈接法，接后用塑料条捆绑。嫁接成活后，要及时除蘖，加强管理，到秋后，嫁接苗可培养成优质苗木。

（二）大树高接换种

由于以前主要是用实生繁殖核桃，因而使后代的产量、品质等遗传特性表现极不一致，其中有不少夹皮核桃、厚壳核桃等劣种，需要进行换种。另外，为了野生资源的利用和改造，如核桃楸、野核桃和铁核桃可用来嫁接核桃。对于大砧木都需要进行多头高接。

对于大砧木，一般可用劈接法，接口小的可用合接法。由于接穗比较粗，一般不宜用插皮接。核桃嫁接成活后生长旺盛，叶片大，容易被风吹折。因此，嫁接要采用多头高接，接口多，加上及时摘心，可以减少每个头的生长量。同时，采用劈接法和合接法，也不易被风吹断。

综上所述，以前都认为核桃嫁接成活困难，实际上只要解决了伤流问题，并采用充实、粗壮、生活力强的接穗，核桃嫁接和其他果树林木一样是很容易成活的，成活率一般都在95%以上。有研究认为核桃枝条中含有过多的单宁物质，影响嫁接成活。如果用粗壮充实的枝条，进行愈伤组织生长量的测定，在温度25℃、空气湿度饱和的黑暗条件下，结果和其他树木一样，10天后可长出愈伤组织，而且愈伤组织的生长量也很多，足够将嫁接方的空隙填满。所以单宁含量对嫁接成活率基本没有影响。

第十四节 杏

一、整形

整形的目的主要为了合理利用空间，增加单位土地面积上的枝叶量，同时使枝叶分布均匀，光照好，提高产量，改善品质。丰产的树形开张角度大，树冠内空间大，光照足，主枝上的结果枝多，均匀而紧凑。

生产中栽培的杏树，往往是二主枝比较近，树冠的扩展影响早期丰产。例如，主干上要求第一层三主枝间夹角120°，实际生产中这种情况很难遇到，往往是二主枝比较近，只要通过拉枝调位或在夹角大的二主枝间多培养2个较大的侧枝，占满空间，形成二大主枝夹一小主枝的树形就完全可以了。再如，第一层如果只发生 2 个枝，也可造成类似"十"字形的树形，培养侧枝占据空间，不必强求 3 个主枝。甚至有时第一层枝多，培养 4 个主枝也可以，只要控制主枝上的侧枝，不使其长得过大，同样可以丰产。

二、不同树龄的调节方法

幼树期应尽快扩大树冠，增加枝量，做到满冠、树满园。同时又要缓势成花，提早结果。在加快树冠扩展的过程中，如果不注意调整角度开张树冠，势必造成上强下弱、外强内弱、前强后弱的后果。一方面使内部枝弱难成花结果；另一方面，内部空间小，也难以培养出更多的枝组的结果枝，无法配枝并充实树冠，产量低。

盛果期要注意培养新枝组，维护老枝组，合理负载，保持高产稳产，延长高产高效期。果树的树势，其实也是枝类比率的差别。盛果期的中庸树，枝类比率适当。要维持树势，也可以通过各种修剪方法促成一定的枝类组成率。

衰老期树势明显偏弱，果实产量与质量下降，利用徒长枝或潜伏芽进行更新复壮枝势是修剪的主要任务。

三、修剪

（一）冬剪

一般应在大雪至立春这段时间，去立直，留平斜，留中庸，注意调节生长与结果的关系。上部的单生花芽部分由于坐果率不高，可剪掉；长果枝可根据生长势的强弱留 15~30 厘米；过密的花束状枝适当疏剪；注意培养基部的徒长枝；多培养短果枝和花束状果枝，并适时更新。

（二）夏剪

夏季修剪一般在小满后小暑前进行。主要是调节树势，使其有利于果实的生长、发育、着色，打开光路为花芽的分化形成准备条件。应施行多次摘心培养短果枝和花束状果枝，相应去掉徒长的直立枝。

（三）修剪技术

1. 长放

对枝条不短截，以缓和新梢生长势。因枝条长放留的芽多，抽生枝叶也多，有利于形成中短枝和营养的积累。长放多用于中庸的枝条，对主枝延长枝实行长放，可比较好地缓和顶端优势。

2. 短截

剪去枝条的一部分叫短截。短截的作用是刺激剪口下芽萌发并抽出较多分枝，以利扩大树冠和增加结果部位。短截后发枝的强弱，取决于枝条本身的强弱和剪口下芽质量。如被短截枝生长粗壮，芽子饱满，则短截后发出的枝强壮；反之，则发弱枝。短截减少了芽数，也减少了发枝总数。生长期短截可控制树冠和枝梢的生长。

3. 缩剪

又叫回缩。在多年生枝上短截，有更新复壮作用。缩剪还可控制树冠大小，促使后部枝条的生长和潜伏枝条的萌发。

4. 疏枝

将枝条从基部剪除。疏枝减少了枝条数量，增强了树冠内的光照强度，有利于组织分化，促进结果。疏枝常用于处理轮生枝、邻接枝，去除过密枝，以改善通风透光条件，避免内膛光秃。疏枝应本着去弱留强的品种，强树强枝多疏，弱树弱枝少疏。

四、嫁接

（一）接穗准备

嫁接苗质量的好坏，与接穗的质量关系十分密切，在采集接穗时应注意以下几个问题。

一是品种要优良。二是从优良品种的优良单株上采接穗。三是接穗不能有病害。应选用组织充实、芽体饱满的一年生发育枝。

夏秋季用于芽接的接芽，最好就近采集，随采随接。如从外地采穗，应用湿麻袋包好，运输途中注意喷水保湿。

春季用于枝接的接穗，应在冬季或春季树液流动前采集，蘸蜡处理，然后打成小捆，挂上标签，埋于背阴冷凉的沟内。沟底先铺湿沙 10 厘米，把接穗放到沟内、枝与枝之间用湿沙填满，上面盖湿土，待嫁接时随用随取。

（二）嫁接方法

1. 枝接

在春季树液开始流动到萌芽以前进行。这时形成层开始活动，接后易产生愈伤组织。一般在砧木离皮前用劈接和腹接，如果数量较少，可推迟到离皮后用插皮接效果更好。

（1）劈接。用于较粗的砧木嫁接。选有 2~4 个饱满芽的接穗，下端削两个平滑削面，长 3~4 厘米，削面上厚下薄、外厚内薄，并在外面留一"救命芽"、削好后含于口中。将砧木剪平，断面中央纵劈 5 厘米，在剪刀取出前插入接穗，大面朝外，使砧木和接穗的形成层对齐，上端露白 0.3 厘米，拔出剪刀，用塑料条绑缚。注意绑时不要移动接穗，如果接穗蘸蜡处理过，只绑接口即可。没蘸蜡的应全绑或绑接口后用土堆起来。

（2）腹接。用于较细砧木的嫁接。在接穗下方削两个削面，长面 2~3 厘米，短面 1~1.5 厘米，两削面一薄一厚。在砧木光滑部位，用枝剪斜向（ 30°~40°）切开，深达木质部的 1/3，将接穗长削面朝里、短削面朝外插入砧木，将形成层对齐，然后自接口上 1~2 厘米剪砧，塑料条绑缚即可。

（3）插皮接。也称皮下接，用于较粗砧木离皮时嫁接。先将光滑无伤的砧木剪断，断口要平滑。从接穗下端削 3~5 厘米长的大削面削去部分为枝粗的 3/5，在大削面的两侧轻轻地削两刀，露出形成层，再在大削面的背面两侧 1/4~1/3 处削去表皮，形成箭头状。然后用竹签插入砧木的木质部与韧皮部之间，深度 1.5~2.5 厘米，拔出竹签的同时迅速将接穗大面朝里插入砧木，上面露白 0.5 厘米，塑料条绑缚，绑法同劈接。

（4）高接换头。这是对成年树进行品种改良时常用的一种方法，是各种枝接方法的综合运用。春季树液流动开始后进行，将整个大树上要接的枝一次全部锯完削平，离皮前粗枝用劈接，细枝用腹接和切接。高接换头时应注意的几个问题：一是不宜在老枝上嫁接，以免影响成活。二是接穗应用蘸蜡法处理，便于空中操作。三是接后绑支柱，防止接穗萌芽后被大风刮断。

2.芽接

（1）芽接方法。杏树枝条的皮层较薄，取下的接芽软，不易插入砧木切口，且形成层易氧化，接后难以成活。另外，接芽生长点与木质部不易分离，握取时生长点易受伤，影响成活率。所以芽接时应考虑接芽带一薄层木质部，以提高成活率。

（2）芽接技术。

①嵌芽接：也称带木质部芽接。选接穗饱满芽上方 1 厘米处向下斜切一刀，长约 1.5 厘米，由浅入深达木质部 1/3 处，再由芽下 0.5 厘米处呈 30°角斜切到第一刀口底部，取下带一层薄木质部的芽片含于口中，在砧木距地面 5 厘米左右处选光滑部位向

下斜切一刀，深达木质部 1/3 处。在距第一刀口下 1.5 厘米，处呈 30°角斜切到第一刀口底部，使砧木上形成一个略大于接芽的 1.5~1.8 厘米的槽，然后将接芽放入嵌槽内，砧木与接穗的形成层对齐，上端露出一线砧木皮层，以利愈合，最后用塑料条绑缚，露出叶柄及芽即可。

这种方法用于砧木和接穗粗度相近或砧木略粗于接穗的情况。

②带木质部"丁"形芽接：在所选饱满芽上方 0.5 厘米处用力横切一刀，深度超过木质部 1~2 毫米，再在芽下方 1 厘米处下刀，由浅入深向前推刀，当刀口推到接芽处木质部 2 毫米为宜。这时左手拇指按住接芽、右手用刀向前削，在向前削的同时稍向上提，使得芽上 0.5 厘米处接芽所带木质部厚度不超过 1 毫米，取下芽片含于口中。在砧木距地面 5 厘米处，选光滑面横切 1 厘米长的切口，切口中央纵切 1.5 厘米，深达木质部，纵切后刀不要拔出，用刀尖左右一拨，把两边皮层轻轻撬起，插入接芽，使接芽上端与砧木横切口相接，用塑料条绑缚，露出芽和叶柄。注意接口要绑紧绑严，防止伤口进水引起流胶。这种方法一般在砧木较粗时使用。

(三) 接后管理

1. 检查成活率

芽接后 10 天检查成活。成活的标志是叶柄一触即落。脱落处呈绿色。若叶柄不易脱落，芽变褐色，说明没有成活。对未成活的要及时补接，已成活的可再推迟 10~15 天解除绑缚。枝接的一般一个月后检查成活，完全愈合后解除绑缚。

2. 越冬防寒

在冬季风较大的地区，成活的半成品苗在封冻前培土保护接芽。培土高度超过接芽 10 厘米左右，并注意在埋土前防寒浇水。

3. 剪砧除萌

芽接成活的苗木，于翌年萌芽前在接芽上 1 厘米处剪砧。剪后及时除萌，同时做好中耕除草，追肥灌水，病虫害防治工作。

4. 立支柱

春季风大的地区，无论是芽接还是枝接的苗木，成活后长到 20~30 厘米时，应及时立支柱引缚，防止新梢在木质化以前被风刮断。待新梢木质化并与砧木结合牢固以后撤去支柱。

第十五节　石　榴

一、休眠期修剪

（一）截

截又称短截，休眠期剪去一部分一年生枝。

1. 轻短截

一年生枝剪去总长度 1/4 以内的修剪方法称轻短截。其反应随剪去枝段长度的减少而程度减轻，局部刺激作用明显减弱，表现为萌芽多，生长枝抽生能力差。石榴因茎刺分枝角度大，芽有早熟性，轻剪时剪口处不会萌生强旺枝，所生的枝条中庸偏旺，其下枝段上茎刺有抽生中长枝和强旺枝的习性。

2. 中短截

一年生枝剪去 1/2 左右的修剪方法。中短截后，剪口下易生强健长枝，表现出典型的局部刺激作用，此法多用于生长期、生长结果期树形建造的各级促长枝的冬季处理。另外，在衰弱部位，常用以刺激生长，恢复树势。

3. 重短截

一年生枝剪去 3/4 以上的修剪方法。有很明显的局部刺激作用，因剪口下芽多为单饱满芽，靠近母枝，营养充足，易生强旺枝或促长枝。在石榴树上常用于局部生长势的平衡。

（二）放

对石榴顶端不加处理的修剪措施。放，具有缓和单枝生长、诱导营养积累、促进成花的作用，多用于生长强旺的非骨干枝的处理，这一方法常应用于结果枝组的培养上，如幼树的促花、成龄树枝组的回缩更新与培养等。由于分散了该枝的生长势，可使单枝生长中庸，各小枝上拥有较大的叶面积，制造大量营养，促进了该枝的总体生长势。在放任状态下，往往会表现出单枝生长的总体强势，有抑制成花的作用。

（三）缩

缩又称回缩。指结果多年生枝剪去先端一段的修剪方法，多用于恢复树势、促进紧凑、消除光秃等作用，常用于结果枝的复壮与更新方面。生长期的回缩主要用于调整空间、更新枝组和改变延长枝的发展方向，对剪口下枝有较强的削弱作用，可用于幼旺树平衡局部生长势时应用，在衰弱树上慎用。

二、生长期修剪

（一）抹芽

春季及夏季对不需要萌发成枝的芽进行人工抹除的修剪方法称为抹芽。抹芽时间越早越好，避免造成营养浪费。生产上常对易萌生徒长枝的背上芽、弓形枝的弓背芽、剪口下方的竞争芽等进行抹芽。

（二）摘心

春、夏季对当年生新梢顶部进行摘除或剪除的修剪方法称为摘心或剪梢。摘心是石榴生产上常用的修剪方法。

（三）环剥

将树干或树枝的韧皮部呈环状剥去一圈称为环剥，是夏季对

旺树常用的一种修剪方法。石榴树环剥只限于幼旺树，并以在 5
月下旬至 6 月下旬进行为宜。环剥宽度不可超过树干或树枝直径
的 1/10。生产上利用枝、干的环剥可有效促进花芽的形成及坐
果率的提高。

（四）扭梢

扭梢是在夏季对半木质化直立新梢中部采取人工扭曲，使梢
头方向向下的整形修剪形式。扭梢要掌握好季节，一般扭梢时间
以 5—7 月为宜。生产上常采用此方法来改造直立新梢，削弱顶
端优势，促进花芽形成，培养结果枝组。修剪中多采取扭梢处理
直立新梢，以增加结果枝。

三、嫁接

（一）嫁接前的准备

首先，嫁接前应准备好工具。一般刀锯要快，若刀不锋利，
不但影响操作，减慢嫁接速度，而且由于切口削不平，会使接
穗、砧木双方接触面小，造成伤口坏死。另外，要准备好板凳、
塑料薄膜带。

其次，高接换头时，砧木的树冠要进行抹头，一般抹头后的
树冠以缩到抹头前的 1/3 为宜。可以选 1~3 个主干，每个主干
上留 1~2 个侧枝抹头，锯口直径 5 厘米左右较好。

（二）嫁接的时间

嫁接时间选在 3 月中旬至 4 月中旬，这个时间成活率较高。

（三）嫁接方法

生产中石榴嫁接方法有劈接、切接、皮下接，其中劈接选用
较多。

劈接的方法是：先用刀将砧木的断面削光，再用劈接刀垂直
劈开砧木，深度 4~5 厘米，与接穗面等长或略长。接穗时，要

从下部的芽两侧各削成光滑斜面，使接穗的外侧略厚于内侧，呈楔形。每个接穗留 2~4 节，削面 3~4 厘米。接穗削好后，用刀背将劈缝撬开，插入接穗，插入时，使接穗和砧木形成层对齐。一个枝条可插入 1~2 个接穗。

如果砧木粗，也可切成"十"字形切口，插入 3~4 个接穗。接好后，用 2~3 厘米宽的塑料薄膜带从接缝下端扎起，直到接穗与砧木接口扎紧扎严为止。如果能给每一砧穗接合处套一塑料薄膜袋，并扎紧下端，就可以提高成活率。

下篇　果树水肥一体化

第五章　水肥一体化技术应用

水肥一体化是现代农业发展中水肥科学应用的一个新概念，是将灌溉与施肥融为一体的农业新技术。狭义的水肥一体化，就是通过灌溉系统来施肥，作物在吸收水分的同时吸收养分。通常与灌溉同时进行的施肥，是借助压力系统（或地形自然落差），将可溶性固体或液体肥料，按土壤养分含量和作物种类的需肥规律、特点，与灌溉水一起配兑成肥液，再由可控管道系统供水、供肥，使水肥相融后，通过管道和滴头形成滴灌，均匀、定时、定量浸润作物根系发育生长区域，使主要根系土壤始终保持疏松和适宜的含水量，同时根据不同作物的需肥特点、土壤环境和养分含量状况，作物不同生长期需水、需肥规律情况，进行不同生育期的需求设计，把水分、养分定时定量，按比例直接提供给作物。

第一节　水肥一体化技术适宜范围

水肥一体化技术适宜于有井、水库、蓄水池等固定水源，且水质好、符合微灌要求，并已建设或有条件建设微灌设施的区域推广应用。尤其适用于设施农业、果园等大田经济作物，以及经济效益较好的其他作物。

这项技术的优点是肥效快，养分利用率高。避免了铵态和尿素态氮肥施在地表挥发损失的问题，既节约氮肥又有利于环境保护。所以水肥一体化技术使肥料的利用率大幅度提高。研究表明，灌溉施肥体系比常规施肥节省肥料50%～70%。同时，大大降低了设施蔬菜和果园中因过量施肥而造成的水体污染问题。由于水肥一体化技术通过人为定量调控，满足作物在关键生育期"吃饱喝足"的需要，杜绝了任何缺素症状，因而在生产上可达到作物的产量和品质均良好的目标。

第二节　水肥一体化技术的效果

水肥一体化技术是一项先进的节本增效的实用技术，省肥节水、省工省力、降低湿度、减轻病害、增产高效，可成为提高农业效益和发展农村经济的重要支撑。

一、节水

水肥一体化技术可减少水分的下渗和蒸发，提高水分利用率。据测算，在露天条件下，微灌施肥与大水漫灌相比，节水率达50%左右。保护地栽培条件下，滴灌施肥与畦灌相比，每亩大棚一季节水80～120立方米，节水率为30%～40%。

二、节肥

水肥一体化技术实现了平衡施肥和集中施肥，减少了肥料挥发和流失，以及养分过剩造成的损失，具有施肥简便、供肥及时、作物易于吸收、提高肥料利用率等优点。在作物产量相近或相同的情况下，水肥一体化与传统技术施肥相比，节省化肥40%～50%。

三、省工省时

传统的沟灌、施肥费工费时，非常麻烦。而使用滴灌，只需打开阀门，合上电闸，用工很少，能大幅度提高灌水、施肥、病虫害防治的工作效率。

四、改善微生态环境，控温调湿

保护地栽培采用水肥一体化技术，一是明显降低了棚内空气湿度。滴灌施肥与常规畦灌施肥相比，空气湿度可降低 8.5% ~ 15%。二是保持棚内温度。滴灌施肥比常规畦灌施肥减少了通风降湿的次数，棚内温度一般高 2 ~ 4℃，有利于作物生长。三是增强微生物活性。滴灌施肥与常规畦灌施肥技术相比，地温可提高 2.7℃，有利于增强土壤微生物活性，促进作物对养分的吸收。四是有利于改善土壤物理性质。滴灌施肥克服了因灌溉造成的土壤板结，土壤容重降低，孔隙度增加。五是减少土壤养分淋失，减少地下水的污染。

五、减轻病虫害发生

空气湿度的降低，在很大程度上抑制了作物病害的发生，减少了农药的投入，微灌施肥每亩农药用量减少 15% ~ 30%，节省劳力 15 ~ 20 个。

六、增加产量，改善品质

水肥一体化技术可促进作物产量的提高和产品质量的改善，果园一般增产 15% ~ 24%，设施栽培增产 17% ~ 28%。以设施栽培黄瓜为例，滴灌施肥比常规畦灌施肥减少畸形瓜 21%，正常瓜增加 850 千克/亩；增产黄瓜 280 千克/亩，增加产值共 1 356 元/亩。

七、提高经济效益

应用水肥一体化技术，可增产，提质，提高经济效益。

第三节　水肥一体化技术要点

水肥一体化是一项综合技术，涉及农田灌溉、作物栽培和土壤耕作等多方面，其技术要领有以下几方面。

一、微灌

(一) 微灌施肥系统的选择

要根据地形、田块、单元、土壤质地、作物种植方式、水源特点等基本情况，设计管道系统的埋设深度、长度、灌区面积等，根据需要选择不同的微灌施肥系统。可采用管道灌溉、喷灌、微喷灌、泵加压滴灌、重力滴灌、渗灌、小管出流等。保护地栽培、露地瓜菜种植、大田经济作物栽培一般选择滴灌施肥系统，施肥装置保护地一般选择文丘里施肥器、压差式施肥罐或注肥泵。果园可选择滴灌施肥系统，也可选微喷施肥系统，施肥装置一般选择注肥泵，有条件的地方可以选择自动灌溉施肥系统。

(二) 微灌施肥方案的确定

根据种植作物的需水量和作物生育期的降水量确定灌水定额。露地微灌施肥的灌溉定额应比大水漫灌减少50%，保护地滴灌施肥的灌水定额应比大棚畦灌减少30%~40%。灌溉定额确定后，依据作物的需水规律、降水情况及土壤墒情确定灌水时期、次数和灌水量。然后根据作物的需肥规律、地块的肥力水平及目标产量确定总施肥量、氮磷钾比例及底、追肥的比例。作底肥的肥料在整地前施入，追肥则按照不同作物生长期的需肥特性，确定其次数和数量。实施微灌施肥技术可使肥料利用率提高40%~50%，故微灌施肥的用肥量为常规施肥的50%~60%。

（三）肥料的选择

微灌施肥系统施用底肥与传统施肥相同，可包括多种有机肥和多种化肥。但微灌追肥的肥料品种必须是可溶性肥料。要求水溶性强，含杂质少，一般不用颗粒状复合肥（包括中外产品）；如果用沼液或腐殖酸液肥，必须经过过滤，以免堵塞管道。符合国家标准或行业标准的尿素、碳酸氢铵、氯化铵、硫酸铵、硫酸钾、氯化钾等肥料，纯度较高，杂质较少，溶于水后不会产生沉淀，均可用作追肥。补充磷素一般采用磷酸二氢钾等可溶性肥料。追肥补充微量元素肥料，一般不能与磷素追肥同时使用，以免形成不溶性磷酸盐沉淀，堵塞滴头或喷头。

二、滴灌

（一）安装

1. 安装方法

（1）按设计文件要求，全面核对设备型号、规格、数量和质量，严禁使用不合格产品。待安装设备应保持清洁，塑料管不得抛摔、拖拉和暴晒。

（2）按设计要求和流向标记安装水表、阀门、过滤器。过滤器和支管之间通过带螺纹的直通连接。

（3）螺纹管件安装滴灌系统时需缠生料带，直通螺母应拧紧。

（4）旁通安装前首先在支管上用专用打孔器打孔。打孔时，打孔器不能倾斜，钻头入管深度不得超过1/2管径，然后将旁通压入支管。

（5）按略大于植物行的长度裁剪滴灌管（带），滴灌管（带）沿植物行布置，然后一端与旁通相连接。

（6）滴灌管（带）安装完毕，打开阀门用水冲洗管道，然后关上阀门。将滴灌管（带）堵头安在滴灌管（带）末端，将支管堵头安在支管末端。

（7）整个滴灌系统的安装顺序为阀门、过滤器、直通、支管、打孔、旁通、滴灌管（带）、冲洗管道、堵头。

2. 安装注意事项

（1）选择的施肥器不宜烦琐，只要易于施肥就行。

（2）安装的滴灌配套设施要选用不受湿气、尘土、温度、肥水等影响的设施。

（3）选择的安装公司售后服务要好，且最好有具备种植经验的技术人员，这样设计、配置会比较合理、实用，而且能提供一些种植方面的服务。

（二）建立一套滴灌系统

在设计方面，要根据地形、田块、土壤质地、作物种植方式、水源特点等基本情况，设计管道系统的埋设深度、长度、灌区面积等。水肥一体机械化滴灌技术的灌水方式可采用管道灌溉、泵加压滴灌、重力滴灌、渗灌、小管出流等。特别忌用大水漫灌，这容易造成氮素损失，同时也降低水分利用率。

（三）设计配置施肥系统

在田间要设计为定量施肥，包括蓄水池和混肥池的位置、容量、出口、施肥管道、分配器阀门、水泵等。

（1）选择适宜肥料种类。可选用液态或固态肥料，如氨水、尿素、硫酸铵、硝酸铵、磷酸一铵、磷酸二铵、氯化钾、硫酸钾、硝酸钾、硝酸钙、硫酸镁等肥料。固态肥料以粉状或小块状为首选，要求水溶性强，含杂质少，一般不应该用颗粒状复合肥。如果用沼液或腐殖酸液肥，必须经过过滤，以免堵塞管道。

（2）溶解与混匀肥料。施用液态肥料时不需要搅动或混合。固态肥料一般需要与水混合搅拌成液肥，避免出现沉淀等问题；也可在施肥前一天将肥料溶于水中，施肥时用纱网过滤后将肥液倒入压差式施肥器。

第六章　果树水肥一体化施用技术

第一节　苹　果

一、苹果对肥水的吸收特点

（一）需水特点

苹果有两个需水临界期，一是春季发芽前置花期，叶片较少，温度不高，总耗水量较少，需水不多。新梢旺长期，温度不断提高，叶片数量和总叶面积剧增，需水较多，称需水临界期。花芽形成期，需水较少，水分供应太多反而影响成花。二是果实膨大期，叶片厚，气温高。果实膨大快，耗水多，是第二需水临界期。果实采前气温渐降，叶果耗水不多，在有一定空气湿度的情况下，有利于果实着色，水分太多反而影响着色。休眠期，果树生命活动降到最低点，树上已无叶片，只有枝条，气温低，失水少，根系吸水功能减弱，需水最少，但要有一定量的水分供应。苹果的灌水定额因砧木特性、树龄大小以及土质、气候条件不同而有所不同，幼树应少灌水，结果树可多灌水。春季灌溉起点为70%田间持水量，坐果后灌溉起点为55%田间持水量。

（二）需肥特点

果树树龄不同，需肥特点不同。幼树施肥的目的是快长树，早成形，早结果。盛果期施肥的目的是稳产，优质，壮树。衰老期施肥的目的是恢复健康树势，延长结果年限。所以，各年龄时段苹果树的施肥种类、施肥量等均不相同。在一年中，苹果的养分吸收有一定的规律性，前期以吸收氮为主，中后期以吸收钾为主，在生长期内对磷的吸收比较平稳。

二、灌溉施肥系统的安装、操作与维护

（一）系统安装

果园灌溉施肥系统基本的设备包括水泵（或汽油泵，或机带柴油机）、施肥（药）设备（文丘里施肥器、压差式施肥罐、注肥泵等）、压力表、流量表、过滤设备、进排气阀、干管、支管、毛管、灌水器、连接件等。灌溉模式一般选用滴灌，密植果园选用微喷灌，滴灌滴头流量 2~3 升/时，微喷流量 100~200 升/时。

（二）灌溉操作

1. 运行前的检查

主要看系统是否按照设计的要求安装到位，水泵和电机的电压、频率是否和电源电压相符，肥料罐或注肥器与系统的连接是否正确等。

2. 灌溉施肥操作

检查完毕后，首先低压对管道冲水试运行，如果是用过的管道系统，首先应打开所有管道末端，对管道进行冲洗。在冲洗过程中应进行田间巡查，发现并及时处理存在的问题。待所有系统正常运行后，封堵管道末端，开始灌溉。灌水系统正常工作 30 分钟以后，依次打开施肥罐的阀门，使肥液进入管道系统，在灌溉结束前 30 分钟停止施肥，继续灌水到灌溉结束。

3. 轮灌组更替

小面积地块灌溉系统一次能够覆盖的，根据流量表完成灌溉。如果面积较大，设计有多组灌溉的，先打开下一组的轮灌阀

门，然后再关闭上一组的灌溉阀门，依次轮换进行。

4. 结束灌溉

当所有地块灌溉施肥结束，先关闭水泵等动力机械的开关，然后依次关闭各个阀门。

（三）维护保养

1. 蓄水池

蓄水池多为简易池，土方挖坑，里面铺上农膜。这种池子边缘都很光滑，稍不注意可能滑入池内造成伤害，最好在池旁设立围栏等障碍物。时间久了，池内会有沉淀的泥沙，应定期清除。开敞式的静水池易滋生微生物，也有可能进入管道，造成堵塞，因此应定期向池中投放绿矾。

2. 过滤系统

过滤系统较为简单，多是在进水口出设置一道过滤网。但在灌溉季节易损坏或破损，应每次灌水前进行检查，及时进行清洗、修复或更换。

3. 管道系统

管道系统中的爆管和滴头堵塞是两个最严重的问题。为防止出现这种情况，一是灌溉的水和肥液，要先经过沉淀，然后再经过过滤才能进入管道。二是在管道系统容许的范围内，适当提高水的流速。三是要定期冲洗管道。

三、灌溉施肥

（一）灌溉水量的调整

由于苹果园为露地栽培，进入雨季后，应结合天气预报和实际下雨情况对灌水量进行适当调整。

当连续降雨，土壤墒情很好时，也要注肥灌溉，此时可以降低灌水量，但肥料的用量基本上不做变动，以保证有充足的肥力。

（二）滴灌肥料的选择和施用

施肥采用传统施肥和滴灌施肥相结合的模式，即在果实收获后落叶前，将全部有机肥和 1/2 的化学肥料施入土壤，其余肥料按照果树需肥水规律以滴灌方式施入。肥料可以选择三元复合肥料（15-15-15）。单质肥料可选用尿素、工业级磷酸二铵、工业级磷酸一铵、硫酸钾、硝酸钾，其需用量根据各个时期养分需要量进行换算，或选用全营养全水溶性复合肥（20 等）。花期用高磷高氮配方，果实期用高钾配方。

（三）微量元素肥料的补充

有两个途径，一是在喷农药时加在农药液中，通过叶面吸收来补充；二是加在微灌系统中，随水分施入土壤，通过根系吸收来补充。微肥选择螯合态微量元素或磷酸二氢钾等。

（四）与其他农艺技术结合

在田间的毛管上面可以铺上地膜，在早春干旱季节，既保墒又提高温度；如果用黑色除草膜还可防止草生长，防止草与苹果根系争肥水。5 月中下旬，当地温稳定后，利用秸秆、树叶、杂草等覆盖树盘，厚度 15～20 厘米，上面撒压少许土，以免被风刮起或被火燃着，覆盖前最好在地面喷施 3% 蔗糖液，增加地表微生物种群数量，地面喷施复合菌肥，以加快秸秆腐化降解。结合每年修剪，将剪下的大量果树枝经粉碎堆沤后还田，实现有机物的良性循环，提高土壤有机质含量，改良土壤理化性状。

第二节　梨

一、梨树灌水时期

梨是需水较多的树种，但品种不同对水分的要求有较大差

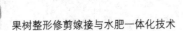

异。例如白梨和西洋梨对水分要求中等，一般要求年降水量在650毫米以上；秋子梨品种较耐旱，年降水量400毫米即可正常生长。我国北方梨区，春季干旱对梨树生长结实影响极大，秋季干旱易引起早落叶。梨树的主要需水时期有萌芽至开花前期、花后期、果实膨大期。花芽分化期（5—7月）是梨树需水的关键时期。

二、梨树采用灌溉方式

（一）微喷灌

微喷灌是设置在树冠之下，雾化程度高，喷洒的距离小（一般喷洒直径在1米左右），每个喷头的灌溉量很少（通常30~60升/时）。定位灌溉只对土壤进行灌溉，较普通喷灌有节约用水的作用，能将一定面积土壤维持在较高的湿度水平上，有利于根系对水分的吸收。此外，还具有低水压（0.02~0.2毫帕）和加肥灌溉容易等特点。

（二）滴灌

滴灌是通过管道系统把水输送到每一株果树树冠下，由一至几个滴头（取决于果树栽植密度及树体的大小）将水一滴一滴地均匀又缓慢地滴于土中（一般每个滴头的灌溉量为2~8升/时）。

第三节　桃

一、桃树灌水时期

桃树在以下几个生长期土壤水分不足时需进行浇水。一是萌芽前，为保证萌芽、开花坐果顺利进行，需浇透、浇足水，渗水深达 80 厘米，但不宜频繁浇水，以免降低地温，影响根系的吸收。二是硬核期，果实虽然生长缓慢，但种胚处在迅速生长期。此时期桃树对水分敏感，是桃树需水临界期，此时缺水，可造成落果，影响产量。三是果实第二次迅速生长期，大约在采前两周，果实迅速膨大生长，此时供给充足的水分可以明显增产。四是落叶后，在桃树落叶休眠，土壤结冻以前，于 10 月下旬至 11 月上旬浇水，即浇"冻水"。

二、桃树采用灌溉方式

（一）微喷灌

微喷灌设置在树冠之下，雾化程度高，喷洒的距离小（一般喷洒直径在 1 米左右），每个喷头的灌溉量很少（通常 30～60 升/时）。定位灌溉只对土壤进行灌溉，较普通喷灌有节约用水的作用，能将一定面积土壤维持在较高的湿度水平上，有利于根系对水分的吸收。此外，还具有低水压（0.02～0.2 毫帕）和加肥灌溉容易等特点。

（二）滴灌

滴灌是通过管道系统把水输送到每一株果树树冠下，由一至几个滴头（取决于果树栽植密度及树体的大小）将水一滴一滴地均匀又缓慢地滴于土中（一般每个滴头的灌溉量为 2～8 升/时）。

第四节　葡　萄

一、常用模式

葡萄生产中主要采用的技术模式是采用单臂双行滴灌施肥，也可采用单臂单行滴灌施肥。可利用与毛管制成一体的滴灌带将压力水以水滴状湿润土壤，通常将毛管和灌水器放在地面，为地表滴灌，也可将滴灌管抬高距离地面 20 厘米左右。滴头的流量为 1~4 升/时。也可根据葡萄植株栽培密度采用外镶式滴头，将滴头安装到滴灌管上进行滴灌施肥。

二、灌溉系统的安装和使用

（一）水源

可用水库存水和井水。

（二）水泵

根据水源状况及灌溉面积选用配套电机，面积小的单棚单井的可用 1~1.5 千瓦的水泵，灌溉面积大的可用 7.5 千瓦以上的水泵。

（三）首部

包括施肥罐、变频器、过滤器。与水源相连，面积小的用压差式施肥罐或文丘里施肥器。面积较大的 6.7 公顷以上的规模种植园区可安装配套首部系统。包括水源、增压泵、过滤器、施肥罐和注肥泵等设施。

（四）输水管

主管与支管垂直，根据所辖面积不同，主管可选用直径 90~200 毫米 PVC 管，支管选用直径 25~110 毫米 PVC 管。

（五）滴灌管和滴灌头

选用内镶式薄壁滴灌管，滴灌管壁厚国产不低于 0.6 毫米、进口不低于 0.38 毫米，使用寿命应在 5 年以上，经济耐用、使用方便。内镶式薄壁滴灌管规格可选用直径 16 毫米。滴头间距 0.3 米，流量不超过 2.7 升/时。滴灌管上也可选用单独安装的滴灌头，如以色列进口的压力补偿式滴灌头，最大流量不超过 4 升/时。

三、灌水定额及施肥量的设计

以葡萄种植行距 1.5 米、株距 0.75 米为例，采用滴灌，每行树两边各铺设一根滴灌管，滴头间距 30 厘米，滴头流量为 2.5 升/时。葡萄根系主要集中在 20~30 厘米，设计湿润深度 40 厘米左右，确定灌水定额 10~15 立方米。也可采用在根系旁边挖土确定湿润深度的办法确定灌水时间和灌水定额。一般春季降水较少，设计春季灌水周期为 20 天，全生育期滴 8 次左右。灌水时还要根据施肥计划及时注入肥料，具体还要视天气情况决定。

（一）灌溉系统使用方法

根据不同生育期将方案中确定的肥料倒入施肥罐，溶解到水中，打开搅拌机配成肥液。施肥前先打开变频器、动力系统、过滤系统灌水 20 分钟左右，再打开施肥泵，使肥液吸入滴灌系统中，通过各级管道和滴头以水滴形式湿润土壤。

根据土壤不同，施肥时间一般控制在 1~2 小时，加肥结束后，灌溉系统要继续运行 20 分钟以上，以清洗管道，防止滴管堵塞，并保证肥料全部施于土壤，湿润深度为 30~40 厘米，灌溉总用时间为 2~3 小时。

（二）注意事项

过滤器是滴灌系统的关键部件，过滤水质的好坏决定滴灌系统的成败。使用过程中，应经常注意观察过滤网的状况。每次滴灌之后或者定期要打开过滤器盖进行检查，若发现过滤网较脏，如附着砂子、石子等，则应进行清洗。安装自动反冲洗过滤器的可定期于滴灌结束后进行冲洗。

滴灌施肥对肥料有严格的要求。要根据灌溉面积，计算出施肥量，确定肥料品种，最好选用专用的滴灌肥或者速溶性好、溶解度高的肥料。先将化肥溶解于水后，筛出未溶解颗粒和杂质再

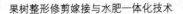

倒入施肥罐。

施肥前,应先打开滴灌系统,经过一段时间运行后(约20分钟)再开始向系统内注肥。

正常滴肥完毕后,应继续用清水滴灌20分钟左右,以防肥料沉积在滴灌管壁或滴头附近,引起滴灌系统堵塞。

施肥罐要经常检查,发现施肥罐底部有沉淀物要及时清理。

灌溉施肥过程中,若发现供水中断,为防止含肥料溶液倒流,应尽快关闭施肥罐进水管上的阀门。

滴灌施肥的一切设备,特别是滴灌管要正确使用,加强管理,不要造成人为的损伤,以延长使用寿命。

第五节　樱　桃

一、樱桃灌水时期

(一)幼树期

三年生以内的甜樱桃树,主要目的是扩大树冠,促进营养生长,此期对氮、磷需求多,应以氮肥为主,辅以适量磷肥,促进树体多发枝快成形。须施用各种肥料纯养分总量为240~300千克/公顷,包括纯 N 67.5~90.0千克/公顷、P_2O_3 105~135千克/公顷、K_2O 67.5~75.0千克/公顷。

(二)初果期

4~6年生的甜樱桃树,除树冠继续迅速扩大、枝叶继续增加外,关键是完成由旺盛的营养生长向生殖生长转化,促进形成短枝和花束状果枝,进而促进花芽分化,施肥原则上要注意控氮(N)、稳磷(P)、增钾(K),补充微量元素。

(三)盛果期

甜樱桃7年以后进入盛果期,需要施用满足树体生长所需的肥料，为果实生长提供充足的营养。除施用足量的大量元素肥料外，还要适当补充多种微量元素肥料，以提高果实品质。

二、水冲施肥

冲施肥是最简单的一种水肥一体化方式，即将肥料溶解于水中，通过管灌、畦灌、沟灌等形式施入土壤，或者将肥料撒在土壤表面，通过灌溉，用水冲施肥料。这种方法与单独施肥相比，肥料利用率有了一定的提高，但存在肥料不能完全溶解、施肥量多、灌水量大、水肥易淋失、施用不均匀等问题。此法适用于有灌水条件，但没有滴灌系统的果园。

三、追肥枪施肥

将肥料溶解于水并装入施肥罐内，用水泵或打药机加压，将带压力的水肥溶液通过追肥枪施入土壤，也可以用电动喷雾器直接连接追肥枪。追肥枪由枪杆、枪头、控制开关组成，外接压力管道，也有带计量器的，可以控制施肥量。施肥枪的枪头可以扎入土壤，将水肥溶液施入一定深度的土壤中，施肥罐可以安装在运输车辆上直接进入果园。追肥枪施肥不受地形限制，平地、坡地都可应用，对灌溉水的水质及肥料纯度要求不严，适用于水源不足、没有滴灌系统的果园，在山地、旱地果园可大力推广。

四、滴灌施肥

甜樱桃果园通过滴灌系统实施水肥一体化施肥，既可满足果树对水肥的要求，又稳定了土壤湿度及果园小气候，还可以起到预防果实裂果的效果。滴灌施肥系统由水源、首部枢纽、输配水管道、灌水器四大部分组成。其中，水源可以用井水或收集的雨水等，水质应符合《农田灌溉水质标准》（GB 5084—2021）的要求；首部枢纽包括控制系统、过滤系统压力系统注肥系统等，压力系统可以选用水泵、高差自压的方式，注肥系统可以使用注肥泵、文丘里施肥器；输配水管道主要是田间管网，包括主管、支管、毛管以及控制阀门等；灌水器可以使用压力补偿滴头或滴灌带。对于面积较小或者条件有限的果园，可以只在果园安装过滤器、输配水管道和灌水器作为固定设施，施肥时将装有肥水溶液的水罐运至果园，水泵的进水口连接水罐，出水口连接至果园的过滤器及输配水管道至灌水器，通过水泵加压实现滴灌和水肥一体化。通过滴灌系统施肥，由于水肥定量、定时和准确供应，肥料利用率大幅提高，适合集约化生产的果园大量推广应用，但是一次性投资较大，对灌溉水的水质肥料纯度要求较高。

第六节 板 栗

一、板栗灌水时期

板栗与其他果树相比，较为抗旱，但充足的水分有利于板栗丰产高产。据一些研究表明，降水量达到 800 毫米以上的年份，产量高；而干旱的年份产量低。有灌溉条件的栗园可在以下几个物候期进行灌溉。

（一）发芽前

春季是板栗各器官迅速建造时期，营养物质的运送和旺盛的新陈代谢都需要水分。板栗雌花芽当年分化，早春干旱影响花分化，早春久旱无雨、无灌水的情况下，板栗不但当年花少，而且尾枝上的大芽也少，不仅影响当年总产量，而且还影响翌年的产量。早春降雨或灌水非常关键。在有条件灌水的栗园，灌水后应及时浅锄和覆草保墒。

（二）新梢速长期

春季新梢生长有一高峰，这个时期如果水分不足，往往限制新梢的生长。此时，恰逢北方春旱阶段，降水量少，土壤含水量在 10% 左右，此期灌水能有效地促进新梢生长与健壮。

（三）果实迅速膨大期

果实迅速膨大期干旱会严重影响果仁增大，直接造成减产。此期干旱栗蓬增长很慢，栗实基本停止生长。在北京地区从 7 月底至 8 月初开始栗实增大，期间降雨或灌水能有效地促进果仁增大，增加产量，提高品质。

二、施肥

板栗生产，板栗园只能施入有机肥和生物肥料，确保土壤肥力，并改善土壤结构和微生物活性。严禁施用化肥，防止对果园环境和果品造成不良影响。板栗生产施肥以基肥为主，追肥为辅。基肥一般在秋季板栗采收后施入，基肥应为经高温发酵或沤制过的鸡、牛、羊、猪粪与玉米秸或绿肥混合的有机肥，肥中加入适量的微生物肥效果会更好。每亩施 4 500~5 000 千克有机肥。基肥采用沟施方法效果最好。通常采用条状沟施，在树梢下挖 50~60 厘米深、30~40 厘米宽的条沟。将腐熟的有机肥与活菌剂 500 倍液混合均匀施入沟底，上层覆土埋掩追肥一般一年 4 次，前 3 次分别在开花前、幼果期、果实膨大期用活菌剂 60 倍液各喷 1 次，每次喷施至叶面滴水为宜，可有效地促进板栗树新梢生长，提高坐果率，改善果实品质，增产又增收。第四次在果实的硬核期，用水和活菌剂按 40∶1 的比例稀释，在板栗树枝梢下方土层打孔，将稀释的菌剂倒入孔内，覆土浇水，提高果树根系吸收养分的能力。每亩使用万赢活菌剂 1 000 毫升左右。

三、灌溉

近几年新发展的板栗园多采用高效节能灌溉方式，如喷灌、滴灌等，既节水效果又好。板栗园用水，水质应符合《绿色食品　产地环境质量》（NY/T 391—2021）要求。果园灌溉一般年份浇 3 次水即可。第一次是在板栗树发芽前浇萌芽水，第二次是在板栗果实膨大期，第三次是在板栗采收后至土壤封冻前结合施基肥浇越冬水。这三次水都应浇透，在干旱的年份应视土壤墒情补浇水。

第七节　柿

一、柿灌水时期

柿树需水量较大。在生长期内，需水量多的时期是新梢生长期、幼果膨大期和着色后的果实膨大期。土壤水分不足常导致果实萎缩、枝叶萎蔫和落花落果。适时灌水十分必要。

柿树灌水时期视土壤干旱程度和降雨情况而定。我国北方春季干旱少雨而多风，应在萌芽前灌水，促进枝叶生长及花器发育；在开花前后灌水利于坐果，防止落花落果。在施肥后灌水，可及时吸收利用养分。其适量的标准是浇透水，以浸湿土层 1 米左右厚为宜，山地浸湿土层以 0.8~1 米厚为宜。

二、施肥

基肥以秋施为宜。柿果成熟采收较晚，秋施应在采收前（9月）以圈肥、堆肥、河塘泥等有机肥料为主，加入少量速效化肥。沟施、穴施皆可，也可结合深翻扩穴施入。幼树追肥每年萌芽期进行 1 次。结果树追肥应避开萌芽期，以免造成新梢旺长而导致严重落蕾。第一次追肥应在新梢停止后至开花前，有利于提高坐果率和促进花芽分化；第二次在前期生理落果高峰以后，可促进果实膨大，提高产量。生长势衰弱的结果树，为促进生长，应在萌芽期追肥。

三、灌水

柿树灌水时间和数量应根据树势、气候和土壤含水量确定。一定要保证萌芽期、开花期和果实膨大期 3 个时期土壤内有足够的水分。在这 3 个时期，如久旱不雨、土壤干燥，要及时灌水。灌水量依土壤墒情和树体大小而定，以浸透根系集中分布层为宜。山地、旱地水源不便，可采用集中穴灌，即在树冠内外地面上挖数个深 20 厘米、长宽各 40 厘米的穴，将水倒入穴中，待水渗下后覆土封严。

第八节　草　莓

一、施肥

8 月底，撒施 20~25 千克/亩的配方复合肥（18-9-18）作底肥，并作垄定植。相比裸根苗，基质苗具有成活率高、不容易带病毒、早上市等优点，建议在有条件的地区选择基质草莓苗。其定植至开花期水肥管理应重点注意。

二、灌水

草莓基质苗定植后，须每天早晚滴灌清水 3~4 立方米/亩，时间 5~7 天，保证种苗根系长期保持湿润，草莓苗第一片新叶展开后，保持土壤见干见湿。

在草莓开花前，要严格控制灌溉水量及氮肥供应，一般健壮的基质苗到开花前可以不追施水溶性肥料。若定植裸根苗，每天早晚滴灌清水时间延长 2~3 天，保证种苗根系长期保持湿润，定植 30 天左右，在两叶一心时期，追第一次肥，每亩滴灌 2.5 千克大量元素水溶性肥料（22-8-22），灌水量以湿润耕层 20 厘米为宜，一般滴灌 3~4 立方米水。第二次追肥在 10 天后，肥量同第一次。第三次，适当增加肥量，每亩滴灌 3.5 千克大量元素水溶性肥料（22-8-22）；根据实际情况到开花期前滴灌 2~3 次大量元素水溶性肥料（22-8-22）。裸根苗与基质苗都需在开花前期每亩追施 1 千克农用磷酸二氢钾，滴灌水量 2~3 立方米/亩，促进开花，保证花齐花壮。

第一茬果坐果后，在膨大期调整追肥配方，改用大量元素水溶性肥料（18-8-26）2.5~3.5 千克/亩，每 7 天追施 1 次，若阴天顺延，在果实变白转色期后改用高钾配方的大量元素水溶性肥料（16-6-32），提高果实甜度，2.5~3.5 千克/亩，7 天 1 次，灌溉水量 3~4 千克/亩，湿润耕层 25 厘米左右，根据挂果数量调整肥料用量。

苗期至开花期施用大量元素水溶性肥料（22-8-22），苗刚缓过来时施肥需少量，之后要逐渐加量；果实膨大期至转色期施用配方为 22-8-22 或 18-8-26 的肥，转色后到成熟用配方为 18-8-26 或 16-6-32 的肥，在第二茬花、第三茬花、第四茬花、膨大果、成熟果同时存在，22-8-22、18-8-26、16-6-32 3 种配方水溶肥交替施用。另外，整个大量元素水溶性肥料浓度控制在 800~1 000 倍液，冬季温度低时肥的浓度控制在 800 倍液，2 月后温度高，肥的浓度要高些，具体方法要根据实际情况定。

第九节　李

一、幼龄树

种植第一年、翌年施肥以一梢二肥为原则，每年 3 次梢，每次于新芽萌动及新梢叶片转绿前 7 天各施肥 1 次，以氮肥为主，配合磷、钾肥。种植第一年每次用 0.3 千克尿素 +56% 沃夫特（N∶P∶K = 18∶8∶30）水溶肥 1 千克，兑水 200 千克滴灌，滴灌时间 1~2 小时，每株果树滴水量 10~20 千克；种植翌年每次用 0.3 千克尿素 +56% 沃夫特（N∶P∶K = 18∶8∶30）水溶肥 1 千克，兑水 200 千克滴灌，滴灌时间 3~5 小时，每株果树滴水量 30~50 千克。

在 8—11 月遇到持续干旱 5 天以上天气时，进行滴灌清水，滴灌次数每隔 5 天 1 次，每次滴灌时间 2 小时，每株果树滴水量约 20 千克。

于 11 月下旬至 12 月中旬，每株施 10 千克腐熟猪粪或 2 千克商品有机肥、腐熟花生麸 1 千克、过磷酸钙 0.5 千克、熟石灰 0.5 千克，沿果树滴水线两边开沟施用，施后覆土。

二、结果树

于现蕾前 7 天，用 56% 沃夫特（N∶P∶K = 18∶8∶30）水溶肥 1 千克，兑水 200 千克滴灌，滴灌时间 9 小时，每株果树滴水肥量约 90 千克。另外，于初花期的 9 时前，用 0.15 千克尿素 +0.05 千克硼砂，兑水 50 千克进行根外追肥，提高坐果率。在果实膨大期用 56% 沃夫特（N∶P∶K = 18∶8∶30）水溶肥 1 千克，兑水 200 千克滴灌，滴灌时间 10 小时，每株果树滴水肥量约 100 千克，促进果实膨大和夏梢生长。

在采果后用 56% 沃夫特（N：P：K＝18：8：30）水溶肥 1 千克，兑水 200 千克滴灌，滴灌时间 8 小时，每株果树滴水肥量约 80 千克，尽快恢复树势，促进夏梢老熟和花芽分化。

在 8—11 月遇到持续干旱 5 天以上天气时，进行滴灌清水，滴灌次数每隔 5 天 1 次，每次滴灌时间 3 小时，每株果树滴水量约 30 千克。

于 11 下旬至 12 月中旬，每株施 50 千克腐熟猪粪、腐熟花生麸 2.5 千克、过磷酸钙 1 千克、熟石灰 1 千克。

第十节　枣

一、选择适宜的灌溉时期

枣耐干旱瘠薄，对土肥水的要求不严，需水量相对较少，其灌水时期应根据天气情况、土壤含水量及树体生长状态来确定。主要选择在萌芽前、花期、幼果期、果实膨大期等时期进行灌溉。萌芽前枣树的根系开始活动，树液开始流动，地上部分即将萌芽，是需水的关键时期，此时灌溉对于提高萌芽的整齐度，促进各器官的迅速生长具有重要意义。开花前各个器官正在迅速生长，花芽分化仍在持续进行，此时是枣需水的另一个关键时期，适时灌溉有助于提高坐果率。盛花期往往会出现高温干旱，但此时大水漫灌对坐果不利，可通过微灌解决这一矛盾。在枣坐果后，幼果对缺水十分敏感，因而是枣的又一个需水关键期，适时灌溉对于减少落果、提高产量意义重大。果实膨大期如果缺水，会直接影响果实的大小和产量，如能及时灌溉，不但可满足果实膨大对水分的需求，同时可促进树体发育健壮，在提高产量的同时，又促进了芽体分化，为速生丰产创造条件。

二、确定合理的微灌灌溉用水量

微灌灌溉用水量的确定要考虑枣的需水特性、需水关键期及根系发育特点、种植密度、常年产量水平、土壤质地、田间持水量等因素。此外，常年降水量、主要降水月份、气温变化、有效积温等因素也要考虑。

三、微灌

枣从发芽开始的整个生育期，生长活动极为活跃，许多生长过程重叠进行，各个时期都要消耗大量的养分，通过科学合理的施肥给枣提供充足而必要的养分，以保证枣健壮生长，提高产量和品质。枣施肥分为基肥和追肥，基肥以有机肥为主，也可酌情掺施适量速效化肥，基肥施用的时期可选择在秋季或早春。追肥多采用速效化肥，全年追肥次数和施肥量因树龄及土壤肥力状况而异。根据本地枣农常年栽培经验，枣一年内追肥 3~4 次，第一次在萌芽前施入，能够使萌芽整齐，枝叶生长健壮，同时促进花芽分化，提高花的质量，此次追肥以氮肥为主，兼施磷肥；第二次追肥在开花前，可提高坐果率，减少落花，追肥以氮肥为主，兼施磷肥，适量追施钾肥；第三次在幼果膨大期，有利于促进幼果生长，从而提高产量，追肥以氮肥为主，兼施磷、钾肥；第四次追肥在果实迅速生长期，有利于果实的生长和产量的提高，追肥以磷、钾肥为主，氮、磷、钾配合施用。根据以上施肥经验，结合微灌灌溉制度，按照肥随水走、分阶段拟合的原则，秋季或早春每亩施用优质有机肥 2 000 千克/亩，萌芽期追施氮肥的 40%，磷肥的 50%，钾肥的 20%，施肥方式采用穴施或沟施，其余部分分别在花期、幼果期和果实膨大期结合微灌分次施入。

第十一节　猕猴桃

一、施肥设备

猕猴桃根际液体施肥技术可分为简易水肥一体化施肥和管道水肥一体化施肥。

（一）简易水肥一体化施肥

利用果园喷药的机械装置，包括配药罐、打药机（三缸活塞泵）、三轮车、管子等，稍加改造，将原喷药枪换成施肥枪即可，使用施肥枪对果树树盘进行打孔施肥。

（二）管道水肥一体化施肥

也叫小管径流施肥。根据施肥果园的地势建立蓄水池和铺设施肥管道，管道采用 PE 管材料，分为主管道、分管道和毛细管；分管道每行果树铺设一根，毛细管每株果树一个接头，接头上带稳流器，分 4 个滴流管。加压设备为汽油离心水泵。

二、施肥方法

（一）测土配肥

每年对果园土壤进行取样测定，根据土壤养分测定结果，结合猕猴桃不同时期需肥特点，制订具体施肥方案，按照有机肥、氮磷钾以及中微量元素结合，按一定的比例进行配肥。

（二）稀释

采用 2 次稀释法。首先用小桶将配方肥化开，然后再加入贮肥罐，对于少量水不溶物，直接埋入果园，不要加入贮肥大罐，加入配方肥进行稀释时要充分搅拌。稀释时肥料与水的比例一般不高于 15%，高温季节不高于 10%。

（三）设备的组装及准备

1. 简易水肥一体化施肥

将高压软管一边与加压泵连接，一边与追肥枪连接，将带有过滤网的进水管、回水管以及带有搅拌头的另外一根出水管放入贮肥罐。检查管道接口密封情况，将高压软管顺着果树行间摆放好，防止软管打结而压破管子，开动加压泵并调节好压力，开始追肥。

2. 管道水肥一体化施肥

将加压泵与施肥管道连接，检查加压泵机油、汽油及管道的密封情况，将需要施肥的果树行间管道阀门打开，在果树树冠垂直投影外延附近挖直径 15 厘米、深度 20 厘米左右的施肥穴，将 4 个滴流管放入施肥穴中，然后启动加压泵开始追肥，追肥开始后要确认每个滴流管都运行正常。

三、施肥

（一）简易水肥一体化施肥

在果树树冠垂直投影外延附近的区域，施肥深度在 25 厘米左右。根据果树大小，每株树打 6~8 个追肥孔，每个孔施肥 5~8 秒，注入肥液 1.5~2 千克，两个注肥孔之间的距离不小于 60 厘米，每株树追施肥水 12.5~15 千克。

（二）管道水肥一体化施肥

每株果树分有 4 个滴流管，每个滴流管每分钟出肥水 0.4 千克左右，施肥 15 分钟，确保每株果树追施肥水 20 千克。

第十二节　山　楂

一、灌水

营养元素必须通过水才能被山楂树吸收，故施肥必须与灌水相结合。一年中要特别注意保证发芽前后（催生水）、开花前后（坐果水）、果实速生期（攻果水）、果实采收后（保叶水）、落叶后（保根水）5次灌水。水源不足时，至少应保证开花前后、麦收前后、果实着色前后的灌水。当然灌水必须根据降水及土壤干旱情况和植株的实际需要灵活掌握。

麦收前，叶面积基本稳定，幼果迅速膨大（果实第一速生期），根大量生长，是山楂树需水最多耗水量大的高潮时期，也称需水临界期。这时水分状况对坐果和幼果生长影响很大。通常所说的"山楂莫失麦黄水"，就是这个道理。

7月以后，果实着色，生长加快（果实第二速生期），花芽开始分化，是影响当年也影响翌年的产量和质量的重要时期。这时期保证有充足适宜的土壤水分是十分重要的，"秋季两遍水，产量打个滚"（秋季指8—9月）。所以在8—9月的管理上也要注重灌水。

二、施肥

山楂树吸收土壤中的营养元素，受植株生长和结实状况、树体内贮存养分的多少、土壤理化性质及水分状况等多种条件的综合影响，一般在新根旺长期和梢叶速生期吸收量较大。

据观测，进入结果期特别是盛果期的山楂树，枝梢（直立旺枝和徒长枝例外）均在前期一次长成。一般在4月下旬为梢叶速生期，5月上中旬有80%~90%的枝梢先后停止延长生长，其结果梢顶端开花，营养梢形成顶芽，此时叶面积也基本稳定。营养生长停止后，生殖生长进入旺盛期，如开花坐果果实膨大和花势分化等。花芽分化一直延续到翌年春季发芽前才基本结束。不难看出，进入结果期特别是盛果期的山楂树，其营养生长和生殖生长都集中在年生长周期的前期；两种生长矛盾的协调依赖于营养物质的数量和质量是否充足。如果养分充足，则生长、结果协调，树势健壮，连年丰产优质，一旦养分缺乏或不足，则生长、结果矛盾，造成树势衰弱，落花落果严重，产量低而不稳，品质下降。所以山楂树生长前期需要大量的营养物质，在管理上必须保证植株具有充分的贮藏养分，而且要达到较高的营养水平。这种需要随着树龄和结果量的增加而更加突出。

秋季多施有机肥，能均衡地供应养分，并改善土壤的理化性状，促进根际微生物的活动，"一斤果双斤肥"比较适宜。

因此，早施有机肥料，是保证山楂树健壮生长和丰产的基础条件。不过，山楂树在年生长周期中各类器官的生长发育有一定的顺序性、节奏性和相关性，因此还必须根据山楂树的这些特性确定最适宜的施肥时间和施肥种类。对于结果树特别是盛果期大树，一年中应在发芽前（或开花前15~20天）、谢花后、果实着色前后和果实采收后各追1次速效肥。前期要以氮肥为主，后期应氮磷钾相结合。如果肥料不足，至少应保证发芽前后和果实着色前后各追1次肥。对于衰弱树，要特别注意发芽前后追肥，重视后期施肥，适当增加氮肥。

第十三节　核　桃

一、灌水

核桃树生长过程中需要浇以下几次水，即萌芽水、果实速生及花芽分化水、施肥水、越冬水。

萌芽水：3—4月，核桃芽萌动抽枝发叶，开花结实，需消耗大量水分，此时也是春旱多风季节，急需浇水。

果实速生及花芽分化水：5—6月为果实速生期和花芽分化

的关键时期。此时的灌水对当年坚果产量提高及翌年开花结实状况有显著作用。

施肥水：果实采收后，结合秋施基肥灌 1 次水，可促进养分分解和根系的吸收利用，增加树体养分储备，有利于翌年树木生长发育和开花结实。

越冬水：冬季长，低温且干旱多风，土壤上冻前灌足越冬水，对核桃越冬和增加春季土壤墒情，缓解春水紧张均十分有利。

另外，在核桃接近成熟的 9 月上旬前，停水注意排涝，以提高核桃果仁的质量和枝条的发育充实度。

二、施肥

核桃施肥主要是基肥和追肥。基肥多为有机肥（农家肥）；追肥多用化肥。

基肥：核桃采收后的 9 月下旬至 10 月初施肥。施肥量根据树龄和树干而定，3 年以内的树，每株施农家肥 5~10 千克，以后逐年增加。

也可将有机肥与无机肥混合，用放射状、环状和穴状施肥法。放射状施肥法：从树冠投影处向外开 4~6 条沟，近树干处浅，向外逐渐加深，将肥料施入沟内，回土覆盖。环状施肥法：以树干为圆心，沿树冠周围开挖施肥沟，沟深 30 厘米，宽 30~50 厘米。将肥料施入后覆土。穴状施肥法：在树冠投影范围内，开挖若干个小坑，其大小根据果树大小而定，将混合后的肥料埋入坑内，施后立即浇水。

追肥：每年进行 2~3 次。第一次开花前或展叶初期，以速效氮肥为主，占年总量的 50%；第二次 5 月底至 6 月初，以氮肥为主，占总量 30%；第三次 7 月底，以磷、钾肥为主。追肥以穴施为宜。

第十四节　杏

一、灌水时期及灌水量

要根据土壤中含水状况和杏树不同生长阶段需水程度确定灌水时期及水量。我国北方冬、春干旱少雨，土壤中含水率比较低，开花以及枝叶的生长需要充足的水分，在花芽萌动前后应灌1次透水。果实膨大期和新梢的生长期如果缺少雨水，应该适当灌水。果实成熟期最好少灌水或不灌水，以免采前落果和裂果。秋后至入冬前，结合施基肥灌1次冻水。

二、灌水方法

平地杏园土地平整，灌水系统完善，可以在行间进行沟灌，也可以在树冠投影下修畦作埂，在畦内进行漫灌。在山地、丘陵地可采用移动式管灌，其水管的一端直接连接水泵，水管出水口在梯田上下移动。喷灌和滴灌是杏园灌溉的新方法。喷灌是通过水管及高压喷头把水喷到空中，又落到地面。喷灌有高出树冠和低于树冠两种，前者用水量大，后者用水量小，水滴喷不到树冠叶面。滴灌是以小水流或水滴缓慢灌入土中，是一种先进的节水灌溉方法。

三、排水

杏树怕涝，不耐水淹，灌水后或雨季应及时排出积水。平地杏园一定要顺地势在园内或四周挖水沟，山地主要结合水土保持工程，进行排水规划。

四、施肥

幼树年施肥，采取薄肥勤施的原则，翌年 4 月中旬、6 月下旬各追肥 1 次，追肥以速效复合肥为主，每株施 150 克，9 月下旬至 10 月秋施基肥。

盛果期树，进入 4 月上旬花前打药，防治害虫，每株树追果树专用肥 2 千克，方法是绕树冠投影下挖 6 个 40 厘米的坑放入肥料埋土，浇水。5 月中耕除草。6 月中旬果实膨大期中耕除草，并追果树专用肥 2 千克。

第十五节　石　榴

一、石榴灌水管理

石榴树与苹果、梨等果树相比，是比较耐旱的，但是为了保证植株健壮和果实的正常生长发育，必须满足其水分的需求，尤其在一些需水高峰期。一年中灌水的关键次数为 3 次，分别在开花前期、幼果膨大期和土壤封冻前期进行。

（一）萌芽期灌水

也叫花前水，主要指在 3 月下旬至 4 月上旬发芽前后，植株萌芽，抽生新梢，需要大量的水分。此期灌水，有利于根系吸水，促进树体萌发和新梢迅速生长，提高坐果率。花前水对当年的丰产有着极其重要的作用。

如果旱情严重时，浇萌芽水后，最好采用覆盖塑料薄膜的形式保水。覆盖塑料薄膜后土壤水分蒸发量为裸露地表的 1/4~1/3。如为山地梯田，采用地膜覆盖，可明显减少养分流失、水土流失，加上山地挖截水沟、增施有机肥料及穴施肥水，可有效提高土壤的保水贮水能力。

（二）幼果膨大期灌水

石榴的开花期较长，分头茬花、二茬花和三茬花及末茬花。一般 5 月中旬头茬花已开，二茬花在麦收期间开，三茬花在麦收后开，7 月开的花为末茬花。一般产量由一茬、二茬、三茬花坐果组成。为了促进坐果，使幼果发育正常，可在 6 月中旬浇 1 次水。此期正是头茬、二茬的果实体积开始增大，花芽也开始分化的时期。

（三）土壤封冻前灌水

11 月上中旬土壤封冻之前浇水。这次水能促进根系生长，增强根系对肥料的吸收和利用，提高树体的抗寒、抗冻和抗春旱能力。

二、石榴的灌溉方式

灌水方法主要有以下几种。

（一）沟灌

在行间开深 20～25 厘米的灌沟，并与排水渠道相垂直。沟距因行距而定，一般黏重土壤沟距 1～1.5 米，松土壤 0.75～1 米。如为密植石榴园，可于行间开一条沟即可。灌水后将沟填平。这种方法的优点是对全园土壤浸湿较匀，散失水少，有利土壤通气，防止板结，便于机械开沟。

（二）畦灌

在果园行、株间筑埂，使每株石榴树在一个畦穴灌水，然后放水逐畦灌溉。此法费水，且土壤易板结，但灌水充分。畦灌适用于土地平整的石榴园。

（三）喷灌

喷灌是把水喷到空中成为细小水滴再落到整个园中，像降雨一样。喷灌有两种方式：一种是喷头高于树冠，用水量大，并可调节果园小气候；另一种是喷头安装在树冠下部，只喷灌行间，需水量较小，叶面不接触水滴，不易发生病害。喷灌适用于地形复杂的山地丘陵。

三、施肥

（一）施肥量

石榴树体施肥量受很多因素影响，如树体大小、土壤营养等。但目前来看，生产上主要是依据树体大小及树势来确定施肥量，幼树一般株施有机肥8~10千克，结果树根据结果数量来计算，一般生产1千克果实，需施入2千克的有机肥，并配合施入适量氮、磷肥；结果树一般每生产100千克果实，需施入氮0.8千克、磷0.4千克、纯钾0.9千克进行追肥，当树体或叶片出现微量元素缺乏症时，如缺铁黄叶症、缺锌小叶症等，要及时补充微肥。

（二）选择合适肥料配比

合理的肥料配比，能够有效发挥出肥料的作用，提高肥料的利用率。以充分腐熟的有机肥为主，配合施用速效氮、磷、钾肥，以及中微量元素。有机肥料应占施肥总量的95%，以堆肥、厩肥为主，其中羊粪效果最好，养分含量高且中微量元素含量最全。特别注意酸性肥料和碱性肥料不能配合施用。

主要参考文献

陈敬谊，2019. 苹果树合理整形修剪图解［M］. 北京：化学工业出版社.

高新一，王玉英，2015. 果树整形修剪技术［M］. 北京：金盾出版社.

石海强，杜纪壮，2021. 图解果树嫁接关键技术［M］. 北京：机械工业出版社.

宋志伟，邓忠，2018. 果树水肥一体化实用技术［M］. 北京：化学工业出版社.

张鹏飞，2020. 图说果树嫁接技术［M］. 北京：化学工业出版社.

周冬菊，2021. 果树整形修剪技术［J］. 现代农业科技（14）：87-88.